I0032067

Lo que los ejecutivos no entienden del SEO

La razón oculta del fracaso empresarial

La trilogía del SEO – Libro I

Lo que los ejecutivos no entienden del SEO

La razón oculta del fracaso empresarial

Por Cristobal Varela

ISBN: *978-1-971029-08-5*
Editor:
VarelaPublisher.com
Mesa, Arizona, Estados Unidos

Primera edición

Libro I de La trilogía del SEO

Impreso en los Estados Unidos de América

Aviso legal:
Este libro se basa en la experiencia profesional del autor y tiene fines exclusivamente informativos. No garantiza resultados específicos y no debe interpretarse como asesoría financiera ni legal.

Diseño y maquetación: *Cristobal Varela*
Diseño de portada: *Cristobal Varela*

También disponible en inglés como
What Executives Get Wrong About SEO
Visita: https://SEOTrilogy.com

Contenido

DEDICATORIA

A mi esposa, Sonia Varela (mi persona favorita), por estos increíbles veintidós años de compartir nuestras vidas. Gracias por estar siempre ahí y apoyarme. Tu paciencia, tu amor y tu entusiasmo por perseguir nuevas metas en familia han sido la mejor parte de este camino.

A Santiago, mi hijo mayor, por el valor de estudiar Ingeniería Nuclear en la Marina de los Estados Unidos.

A Paulina, mi hermosa princesa, el alma creativa de nuestro hogar, cuyo carácter fuerte la impulsa a perseguir la Ingeniería Genética.

A mi siempre sonriente Julián, quien nos ha ayudado a entender que nuestro conocimiento es ilimitado.

A mis amados padres, Jorge A. Varela y Betty L. Varela, por el enorme sacrificio de venir a un país donde todo era diferente para que mis hermanos y yo pudiéramos tener un mejor futuro. Infinitamente agradecido.

A mis hermanos, Omar, Vianett y Danyra, por estar siempre unidos. Los recuerdos, la alegría, las risas, los logros compartidos y el apoyo en los momentos difíciles solo nos han hecho más fuertes. Los quiero mucho.

AGRADECIMIENTOS

A mi Sensei, David Lopez, de Ki-Senshi Martial Arts, gracias por compartir no solo tus logros e ideas, sino también la disciplina y la perspectiva que van mucho más allá del dojo. Tú fuiste quien me puso en este camino de publicar un libro y me recordaste aquella meta sencilla de la vida: plantar un árbol, criar un hijo y escribir un libro. Este proyecto existe, en muchos sentidos, porque me ayudaste a ver esa última parte como algo posible y necesaria.

A todos mis clientes de 1998 a 2025, gracias por su confianza y por la oportunidad de crecer juntos en tantas industrias. Las lecciones que aprendimos lado a lado están destiladas aquí para ayudar a otros líderes a tomar mejores decisiones.

A los responsables de contratación que me abrieron la puerta y a los líderes que respaldaron mis estrategias de SEO y lucharon por una implementación real: gracias por creer en este trabajo y darle espacio para demostrar su valor.

Un agradecimiento especial a mi equipo de apoyo, Juan Pablo Hudec, César Gutiérrez, Luz Tania Hernández, Jorge Varela, Josué Álvarez, Ernesto López, Melanie Rocha, Guillermo López, Marcos Carrasco, Nadia Vigil, Mónica Sánchez, Franco Escobar y Gabriel Castellanos. Su talento y compromiso hacen posible este trabajo.

A Jesús Segura, fotógrafo y amigo de la familia, quien generosamente se ofreció a realizar mi retrato sin dudarlo. Gracias por tu amabilidad.

18

NOTA DEL AUTOR

Las historias de este libro se basan en experiencias reales que he tenido trabajando con empresas de distintos tamaños, en múltiples industrias, a lo largo de muchos años. Las decisiones, los desafíos y los resultados que se describen aquí son fieles a la realidad según mi mejor conocimiento.

Para respetar la privacidad de antiguos compañeros de trabajo, supervisores y clientes, algunos nombres, cargos y detalles identificables han sido modificados. En algunos casos, también he ajustado líneas de tiempo o combinado situaciones similares de distintas empresas en una sola narrativa.

Ninguno de estos ajustes cambia las lecciones centrales. El propósito de este libro no es exponer a personas, sino ayudar a los líderes a reconocer patrones que desbloquean, o bien limitan el verdadero potencial de la optimización para motores de búsqueda (SEO). Mi esperanza es que puedas ver tu propia organización con mayor claridad y usar estas ideas para tomar mejores decisiones para tus equipos y para tu negocio.

PREFACIO

Mi primera lección real sobre SEO no vino de una gran marca ni de un sitio empresarial complejo. Vino de una pequeña empresa llamada Van Hees Stoneworks, LLC.

Les hice un sitio web sencillo, pensando que mi trabajo era, sobre todo, diseño y configuración básica. Cuando empezaron a aparecer en la primera posición de Google, me di cuenta de algo importante: el sitio web era solo la mitad del trabajo. Lo que realmente importaba era si generaba un retorno sobre su inversión.

Una tarde, Werner, el dueño de Van Hees Stoneworks, entró a mi oficina con un cheque por 2,500 USD. Lo puso en mi mano y me dijo: "Sigue haciendo lo que estés haciendo con el sitio web. Hoy cerré tres contratos solo por tus habilidades". En ese momento lo entendí: el SEO no se trataba de tráfico por el simple hecho de tener tráfico. Se trataba de ingresos, de oportunidades en el pipeline y de resultados reales para negocios reales.

Hubo un segundo momento que profundizó aún más esa lección.

Un ejecutivo llamado Peter, CEO de una empresa llamada GMSI, me llamó un día y me dijo: "Cristobal, es urgente que tengamos una reunión". Por su tono, inmediatamente pensé que algo andaba mal. Mientras hablaba, yo ya estaba revisando su sitio, esperando verlo caído o roto. No me dio detalles por teléfono, solo dijo: "Por favor, ven a la oficina".

Cuando llegué, su puerta estaba entreabierta. Podía verlo mirándola, esperando. Al entrar, su socio, que estaba detrás de la puerta, saltó frente a mí y dijo algo como: "Dime que salte y te preguntaré qué tan alto". Yo estaba confundido y un poco nervioso.

Peter seguía serio, me miró y dijo: "Esto fue lo que pasó", mientras azotaba un documento sobre el escritorio. Era una factura pagada. Lo único que registré al principio fue la cifra: una cantidad de siete dígitos. Más de un millón de dólares en ingresos por un contrato con una empresa taiwanesa, ganado en gran parte gracias a la estructura, la claridad y la visibilidad que habíamos creado con SEO.

Estas dos empresas empezaron a referirme más clientes de los que realmente podía atender. Tuve que rechazar a muchos. Los que sí aceptaba llegaban esperando el mismo tipo de resultados en una semana.

Ahí fue cuando empecé a ver la verdadera desconexión: dueños de negocio, gerentes de marketing y otros líderes querían los resultados de un SEO maduro, pero los esperaban en los tiempos de una campaña de medios pagados. Querían contratos millonarios con la paciencia de una campaña de siete días.

A partir de ese punto, empecé a tomar notas. Documenté lo que funcionaba, lo que no, y en qué momentos la gente se sentía tentada a recortar pasos. Estudié la diferencia entre prácticas "white hat", que construyen valor duradero, y atajos "black hat", que generan picos de corta duración y riesgos a largo plazo. Se volvió evidente que las "soluciones rápidas" no eran viables si te importaba la salud del negocio.

Lo que separaba las historias de éxito de las decepciones no eran solo las tácticas. Era la madurez, por parte del liderazgo. Los líderes que entendían que el

SEO es un juego a largo plazo eran los que terminaban con el crecimiento más sólido y defendible.

Por qué escribí este libro

Cuando miro hacia atrás a casi todas las empresas con las que he trabajado, veo un patrón que todavía me incomoda.

Como persona, me valoraban. La gente era amable. Me pagaban bien. Pero cuando se trataba de SEO, casi nadie escuchaba, y los pocos que lo hacían tenían otras "prioridades urgentes". Vi empresas gastar miles, a veces millones, en campañas que hacían ruido pero no generaban un verdadero retorno de inversión. Siempre era la misma historia: beneficios inmediatos, pero no sostenibles. El SEO, al final de la lista.

No hubo un solo empleo en el que no pensara seriamente en renunciar. Pero luego me hacía la misma pregunta: si me voy, perdemos los dos. Ellos pierden la oportunidad de construir algo sostenible, y yo pierdo la oportunidad de demostrar lo que el SEO realmente puede hacer. Y en ese escenario, ¿quién se rindió? No quería que la respuesta fuera "yo". La pregunta se volvió: ¿cómo ayudas a los líderes a entender algo que ellos mismos siguen mandando al final de sus prioridades? No puedes obligarlos. Tampoco puedes ir por encima de tu jefe directo para hablar con el Vicepresidente de Marketing cada vez.

Así que elegí otro camino: documentarlo todo.

Escribí recomendaciones para mejorar la indexación y la visibilidad. Preparé documentos paso a paso explicando qué hacer, por qué importaba, qué esperábamos ver y cómo se alineaba con los objetivos del negocio.

Cualquier cosa que pudiera ayudar a captar la atención del liderazgo, la intenté. Si rechazaban la propuesta, aun así hacía mi trabajo: diseñar la estrategia y entregarla. Una y otra vez.

Hasta que un día, una líder me llamó a su oficina y me dijo, casi en tono de reclamo: "El SEO no está funcionando. Te contratamos para que esto funcionara. ¿Acaso no te estamos pagando lo suficiente?" Sonreí y respondí con honestidad: "Todos aquí son muy amables, y sí, me pagan bien. Pero el SEO es la última prioridad en la lista".

"¿Cómo puede ser eso?", preguntó.

Le mostré mis recomendaciones: lo que había que hacer y la fecha en que se las había entregado. "Me dijeron que no había tiempo para implementar nada de esto", le expliqué. "¿Quién te dijo eso?", preguntó. "Brendan".

Lo llamó. "¿Por qué no hemos implementado estas recomendaciones de SEO?" Su respuesta fue simple: "Lorie, tú me pediste que trabajara en nuevas funcionalidades del sitio y me dijiste que nada era más importante que eso. Así que no implementé SEO".

Esa misma dinámica se repitió en casi todos los lugares donde trabajé.

Estoy escribiendo este libro para ambos lados de esa conversación.

Quiero ayudar a los líderes a entender de verdad qué es el SEO, cómo funciona y por qué no puede seguir viviendo al final de la lista de prioridades si esperan resultados significativos. Y lo estoy escribiendo para todos los profesionales de SEO que pasan sus días, en silencio, construyendo estrategias, revisando detalles técnicos y creando contenido pensado para convertir, solo para ver su trabajo ignorado, retrasado o descartado como "algo bueno de tener, pero no esencial".

Merecemos un lugar en la mesa, no por ego, sino porque los detalles técnicos y las decisiones estratégicas están profundamente conectados. Alguien tiene que poder explicar, con claridad y seguridad, por qué una función de JavaScript no es la mejor forma de mostrar contenido crítico, por qué el "noindex" debe eliminarse de los sitios en producción y reservarse para ambientes de pruebas, y por qué la pequeña empresa local que ocupa la primera posición en Google suele ser una amenaza más seria que la marca corporativa que ni siquiera aparece en los primeros 100 resultados.

Los profesionales de SEO pueden ayudar a que tu sitio rinda mejor, a que tu presupuesto de marketing trabaje más duro y a que tu marca compita donde realmente importa. No somos, y nunca hemos sido, el último punto de la lista.

Este libro existe para que líderes y especialistas en SEO, por fin, puedan encontrarse a la mitad del camino: con un lenguaje compartido, respeto mutuo y decisiones que creen valor a largo plazo en lugar de ilusiones a corto plazo.

INTRODUCCIÓN

• El costo de no entender el SEO

La optimización para motores de búsqueda (SEO) no es una palabra de moda, ni un truco, ni una tarea para el becario. Es una inversión a largo plazo en la visibilidad, la reputación y los ingresos de tu empresa. Pero para la mayoría de las organizaciones, el SEO se malinterpreta, se delega a ciegas o se ignora hasta que ya es demasiado tarde.

No necesitas ser experto en estrategias de SEO, pero sí necesitas entender qué es, cómo funciona y qué papel juega en tu negocio. Si estás aprobando presupuestos de marketing o seleccionando proveedores, tu comprensión del SEO puede impulsar el crecimiento... o sabotearlo silenciosamente.

A lo largo de los años, he visto organizaciones que han gastado decenas de miles de dólares en SEO sin tener nada que mostrar. No porque el SEO no funcione, sino porque el liderazgo no sabía qué preguntar, qué medir ni qué esperar. Ese desconocimiento crea puntos ciegos, y esos puntos ciegos le cuestan a las empresas mucho más de lo que se imaginan.

• El mito de la solución rápida

Muchos líderes siguen viendo el SEO como un interruptor que se enciende o un problema que "se arregla". Notan que las posiciones bajan, que las conversiones disminuyen o que la visibilidad se reduce, y asumen que hay algo "roto" que se puede reparar con un plugin, una palabra clave o una actualización rápida. Pero el SEO no funciona así.

La visibilidad en los buscadores depende de cientos de variables interconectadas: la estructura del sitio, el tiempo de carga, la usabilidad, la profundidad del contenido, el marcado de datos estructurados (schema markup) y las señales de confianza distribuidas por toda la web. No es una sola perilla; es una consola de sonido con muchos controles que hay que ajustar en conjunto. Por eso, los mejores resultados de SEO no vienen de una sola herramienta ni de una sola campaña. Vienen de la alineación: entre las expectativas del liderazgo, la ejecución de marketing y la preparación técnica. Cuando falta uno de esos elementos, ningún "arreglo" dura.

El objetivo de este libro no es simplificar el SEO en una lista de tareas. Es ayudarte a ver el sistema que hay detrás: la coordinación que diferencia a las empresas que crecen de manera constante de aquellas que solo persiguen victorias temporales.

- **Para quién es este libro (y para quién no)**

Este libro es para dueños de negocio, líderes de marketing, fundadores de startups y ejecutivos que quieren entender el SEO a nivel estratégico. Ya conoces de marketing. No necesitas saber programar. Lo que necesitas es una comprensión clara de cómo funciona el SEO para tomar mejores decisiones, contratar a las personas adecuadas y proteger tu inversión.

Si eres un especialista de SEO operativo que busca tácticas técnicas avanzadas o esquemas de construcción de enlaces, este no es el libro para ti. Pero si estás cansado de escuchar recomendaciones contradictorias y quieres una visión estratégica, confiable y clara de cómo el SEO realmente impacta tu negocio, estás en el lugar correcto.

• Lo que este libro te va a enseñar

Este libro no te va a enseñar cómo optimizar una página ni cómo ejecutar una auditoría técnica. En cambio, te va a mostrar:

- Qué incluye realmente el SEO (y qué no incluye).

- Por qué tantos esfuerzos de SEO fracasan a nivel de liderazgo.

- Cómo evaluar talento de SEO, agencias y propuestas.

- Cómo alinear el SEO con tus estrategias de crecimiento, branding y conversión.

- Cómo evitar los errores más comunes que provocan pérdida de tiempo, dinero y visibilidad.

También verás en qué se están convirtiendo los motores de búsqueda: cómo la inteligencia artificial, los modelos de lenguaje y los resultados sin clic están cambiando las reglas del juego, y qué significa eso para tu estrategia digital.

• Cómo usar este libro

Puedes leer este libro de principio a fin o ir directamente a los capítulos que mejor se ajusten a tus retos actuales: contratación, contenido, rendimiento o reportes. Cada sección está diseñada para ser práctica e independiente. Ningún capítulo da por hecho que ya leíste el anterior.

Si eres nuevo en SEO, empieza por el inicio. Si ya has gestionado SEO antes pero quieres claridad y una nueva perspectiva, usa los títulos de los capítulos como un menú. Este libro está pensado para darte la confianza y el contexto que necesitas para liderar conversaciones más inteligentes, tomar mejores decisiones y evitar las trampas más comunes.

Más adelante en el libro incluimos una boleta de calificación SEO On-Page: un marco de trabajo que puedes usar para evaluar páginas o campañas de un vistazo. No es una herramienta que descargas; es un sistema que entiendes y aplicas, porque saber cómo luce un buen SEO es ya la mitad de la batalla.

- **Por qué este libro tenía que escribirse**

Existen muchos libros sobre SEO; la mayoría están escritos para quienes lo ejecutan en el día a día. Este está escrito para líderes.

La mayoría de los equipos ejecutivos todavía tratan el SEO como una casilla por marcar o como un detalle de última hora. Suele delegarse sin supervisión, recibir poco presupuesto o malinterpretarse. Mientras tanto, las empresas que sí ganan con SEO tienen algo en común: un liderazgo que lo entiende.

Este libro busca ayudarte a entenderlo, no convirtiéndote en experto técnico, sino dándote fluidez en las decisiones que importan. Esa fluidez protegerá a tu empresa de presupuestos desperdiciados, malas contrataciones, reportes engañosos y tácticas superficiales.

Si entiendes qué es realmente el SEO —y qué exige— no solo vas a "aprobar" iniciativas de SEO. Vas a darle al

SEO el lugar estratégico, la prioridad y los recursos que necesita para generar resultados reales.

- ## Entender lo que realmente significa el SEO

La optimización para motores de búsqueda (SEO) no se trata de algoritmos; se trata de personas. En el fondo, el SEO es la experiencia de usuario en su mejor versión. El objetivo final de Google es recompensar a los sitios que ofrecen confianza, claridad y satisfacción a la persona que está buscando. Cada clic, cada desplazamiento y cada interacción envían una señal sobre si un sitio cumple o no lo que promete.

Cuando los usuarios encuentran lo que buscan rápido, con confianza y sin frustración, Google lo interpreta como una señal de calidad. Por eso, las estrategias de SEO más efectivas empiezan por mejorar la experiencia, no por perseguir posiciones.

Debajo de esa filosofía, el SEO conecta tres capas esenciales:

- **Base técnica**: un sitio rápido, seguro y bien estructurado, que carga sin problemas y permite que los motores de búsqueda entiendan su contenido.

- **Relevancia del contenido**: información escrita primero para personas, que responde preguntas reales con profundidad, precisión e intención.

- **Autoridad y confianza**: validación a través de enlaces de calidad, menciones, reseñas y señales de interacción que comunican fiabilidad.

Cuando estos tres elementos se alinean bajo una gran experiencia de usuario, el SEO se convierte en un sistema que crece por sí solo. Cada página optimizada, cada artículo útil y cada visita satisfecha refuerzan las señales que Google más valora.

A diferencia de la publicidad pagada, que desaparece cuando se acaba el presupuesto, el SEO se compone con el tiempo. Construye confianza digital y convierte tu sitio web en un activo que atrae nuevos clientes día tras día.

En términos simples, el SEO es el puente entre la satisfacción del usuario y la capacidad de ser encontrado, y ese puente es lo que impulsa los resultados de negocio. De forma natural, esto nos lleva a la **optimización de la experiencia de búsqueda (Search Experience Optimization, SXO)**, una manera más inteligente de pensar el SEO.

PARTE I: La IA y el nuevo panorama del SEO

1. El SEO no está muerto; se ha diversificado

Desde el lanzamiento público de ChatGPT en noviembre de 2022, el entorno digital no ha dejado de cambiar. Y, cada pocos meses desde entonces, alguien nuevo declara que el SEO ha muerto.

Señalan el auge de ChatGPT, la caída en las tasas de clics o la evolución de las páginas de resultados de Google y asumen que el juego se acabó. Pero no es así. El SEO no está muerto. De hecho, es más crítico que nunca. Simplemente evolucionó más rápido de lo que la mayoría de las empresas pudieron adaptarse.

Lo que sí está muerto es la versión antigua del SEO: aquella que trataba la optimización como una lista de tareas sencilla: agregar palabras clave, conseguir backlinks, repetir. Ese enfoque solía funcionar. Hoy, ya no.

Actualmente, el SEO es un sistema por capas que combina precisión técnica, claridad de contenido, experiencia de usuario y comprensión por parte de las máquinas. Y en el centro de este cambio está la inteligencia artificial (IA).

El auge de los motores de IA ha redefinido lo que significa "posicionarse". En lugar de limitarse a listar sitios web, estos sistemas sintetizan respuestas, mostrando resultados en función de la calidad, la estructura y la confiabilidad del contenido. ¿Y de dónde obtienen esas fuentes? No son aleatorias.

Tool tip: *Motores de IA*
Plataformas como Search Generative Experience (SGE), Bing Copilot y ChatGPT que utilizan inteligencia artificial para procesar consultas, generar respuestas y, en algunos casos, ayudar a completar tareas. No siempre se comportan como los buscadores tradicionales: algunas son conversacionales, otras son más exploratorias y no todas citan las fuentes que utilizan.

Priorizan los sitios web estructurados, con autoridad y legibles para las máquinas. Contenido que no solo sea útil para las personas, sino también comprensible para los sistemas de IA.

Hemos pasado oficialmente de motores de búsqueda que emparejan palabras clave a **motores de IA que interpretan significado**. Y eso lo cambia todo.

Estos motores están impulsados por Large Language Models (LLM), que no solo rastrean páginas web: las entienden. Evalúan señales semánticas, relaciones entre temas y marcado estructurado (schema markup) para determinar no solo lo que dice tu contenido, sino de qué trata realmente.

Tool Tip: *Large Language Model (LLM)*
Tipo de inteligencia artificial entrenada con enormes conjuntos de texto para entender y generar lenguaje similar al humano. Ejemplos incluyen GPT-5, Claude y Gemini.

Así que no, el SEO no está muerto. Se ha diversificado: ahora es más sofisticado, más interconectado y más exigente.

2. El SEO invisible que mueve ingresos

En julio de 2025, el equipo directivo me preguntó cuál era nuestra estrategia para la visibilidad en motores de IA.
Mi respuesta fue: "Eso lo implementamos el año pasado".

En 2024 lideré una renovación completa de los datos estructurados en todo el sitio. No fue algo vistoso. No hubo un gran anuncio. Solo "schema markup", preciso y bien pensado, construido alrededor del modelo de negocio real de la empresa: comunidades, viviendas, planos de planta, jerarquías de ubicación y estructuras de precios.

En ese momento nadie lo llamó "estrategia de IA". Pero eso es exactamente lo que era.

Tool tip: *Schema markup (*Esquema de estructuración de datos*)*
Forma estandarizada de etiquetar el contenido para que los motores de búsqueda y los motores de IA puedan entender el significado y la estructura de una página, no solo el texto que contiene.

Cuando su analista extrajo los datos, el resultado sorprendió a todos... menos a mí.

La visibilidad orgánica en motores de IA creció un 3,989% en 12 meses.

Sin medios pagados.
Sin contenido adicional.
Solo estructura.

Solo claridad, para las máquinas y para los usuarios.

Y aun así, en esos primeros meses, me enfrenté a las resistencias de siempre:

- "¿Por qué necesitamos esto si el sitio se ve bien?"

- "¿Esto va a hacer que nuestro sitio se vea más bonito?"

- "¿Google siquiera está usando estos datos?"

La realidad es que la mayoría de los equipos directivos y muchos desarrolladores web no entienden de verdad la estrategia de SEO cuando se les explica, sino hasta que aparece en los resultados. Y para entonces, ya es demasiado tarde para haber sido proactivos.

Por eso existe este libro.

3. Lo que los ejecutivos necesitan saber sobre la IA

En la era de la inteligencia artificial, la visibilidad de tu empresa ya no depende únicamente de los resultados de Google. Los motores de IA están respondiendo preguntas de forma directa, resumiendo fuentes y, cada vez más, actuando como el primer punto de contacto entre los usuarios y la información. Para que tu contenido forme parte de ese proceso, debe estar estructurado y ser confiable a nivel máquina.

Aquí es donde entran GEO, AIO y AEO. No son tendencias pasajeras. Son el marco de referencia de la visibilidad digital de ahora en adelante.

- **GEO – Generative Engine Optimization**

  Se enfoca en preparar tu contenido para que pueda ser citado, resumido o utilizado por motores de IA generativa, como los motores conversacionales basados en modelos de lenguaje. Esto implica alinear la estructura, el tono y la claridad temática con sistemas que **sintetizan** información, no solo la indexan.

- **AIO – AI Optimization**

Consiste en adaptar toda tu huella digital (no solo páginas aisladas) para que sea legible por los modelos de lenguaje de gran tamaño (LLM). Esto va más allá del SEO: afecta páginas de producto, contenido de soporte al cliente e incluso documentación interna de la que estos sistemas pueden aprender.

- **AEO – Answer Engine Optimization**

Se centra en crear contenido estructurado y con autoridad, que los motores de respuesta basados en IA puedan extraer como respuestas directas. A menudo incluye una jerarquía clara de etiquetas H (H-tags), formatos de pregunta y respuesta, señales de autoría, citas y marcado de datos estructurados diseñados para maximizar claridad y confianza.

Tool tip: *GEO/AIO/AEO*
Marcos emergentes diseñados para aumentar la inclusión y el rendimiento de tu marca dentro de entornos impulsados por IA. Estos enfoques priorizan la claridad, la estructura y la credibilidad para las máquinas que resumen contenido en lugar de limitarse a listar enlaces.

No necesitas dirigir la implementación. Pero, como ejecutivo, sí necesitas saber si tu equipo está trabajando estos conceptos, porque los competidores que sí lo hagan empezarán a reemplazarte de maneras difíciles de detectar... hasta que sea demasiado tarde.

Nota: Por crítica que sea esta visibilidad impulsada por IA, solo es la mitad de la ecuación. Una vez que los usuarios te encuentran, todavía tienen que tomar acción. Ahí es donde la **optimización de la tasa de conversión (Conversion Rate Optimization, CRO)** se vuelve esencial. Requiere otro nivel de especialización, enfocado en transformar atención en resultados, y hablaremos a fondo de ello más adelante en este libro.

Por qué los motores de IA importan para tu negocio

Muchas empresas no se han dado cuenta del cambio porque siguen midiendo el tráfico "a la antigua". Buscan visitas y páginas vistas. Pero hoy gran parte del descubrimiento ocurre en sistemas donde nadie hace clic en un enlace.

Visibilidad ahora significa:

- Ser resumido con precisión por la IA.

- Ser citado en respuestas generadas por máquinas.

- Estar indexado con suficiente profundidad como para aparecer en consultas estructuradas.

- Ser digno de confianza para motores que evalúan no solo lo que dices, sino cómo lo dices.

Si tu sitio web no está construido con esto en mente, eres invisible, incluso si "apareces" en los resultados.

Y lo peor: no te darás cuenta hasta que ya hayas sido reemplazado.

Conclusiones: El cambio en la búsqueda ya ocurrió

- **Problema:** Los motores de IA ahora sintetizan respuestas sin enviar a los usuarios a tu sitio web. **Solución:** Haz que tu contenido sea legible para las máquinas usando una estructura clara y marcado con *schema*.

- **Problema:** Las tácticas tradicionales de SEO (solo palabras clave y backlinks) ya no bastan para generar impacto. **Solución:** Alinea tus esfuerzos de SEO con los pilares modernos: estructura, velocidad, experiencia de usuario, autoridad y datos.

- **Problema:** Tu empresa puede ser invisible en las respuestas generadas por IA y ni siquiera saberlo. **Solución:** Audita cómo aparece tu contenido en herramientas conversacionales basadas en IA. Si no te citan, pídele a tu equipo de SEO que explique por qué.

- **Problema:** El éxito en SEO suele pasar desapercibido porque no se conecta con objetivos de negocio. **Solución:** Vincula el rendimiento de SEO con resultados significativos: generación de clientes potenciales, conversiones e ingresos, no solo tráfico. Muestra cómo la visibilidad orgánica apoya todo el recorrido del cliente, no solo el clic.

- **Problema:** Los equipos directivos suelen ser reactivos: entienden el SEO solo después de ver resultados. **Solución:** Desarrolla fluidez ahora. No tienes que ejecutar SEO tú mismo, pero sí debes dirigirlo con preguntas informadas y supervisión estratégica.

4. Las actualizaciones de algoritmo son actualizaciones de negocio

Las actualizaciones del algoritmo suelen presentarse como mantenimiento técnico, algo que el equipo de SEO monitorea "de fondo". Ese enfoque está desactualizado. Cada cambio importante en el algoritmo es un evento de negocio. Afecta cómo tu empresa es descubierta, interpretada y considerada confiable. Si tu visibilidad cae, no es solo un problema de rankings. Es un problema de crecimiento.

Y no son cambios menores. Reinician el terreno de juego.

Google lanza miles de ajustes cada año, la mayoría pequeños. Varias veces al año publica recalibraciones amplias llamadas **actualizaciones centrales (Google core updates)**, que pueden llevar a los líderes al medio de la tabla y darle protagonismo a competidores que antes pasaban desapercibidos.

No entres en pánico: la estabilidad gana sobre la reacción brusca

En mi experiencia, la peor reacción ante una core update es intentar cambiarlo todo a la carrera. La mayoría de las veces, una estructura sólida se sostiene. Si tu sitio es técnicamente sano —arquitectura clara, capacidad de rastreo, enlazado interno limpio, schema, señales de autoría y contenido útil—, el tráfico suele recuperarse en unas semanas o en un mes, a medida que Google reevalúa la calidad entre dominios.

Hay un caso que recuerdo bien: un sitio de noticias perdió la mitad de su tráfico orgánico después de una core update. El liderazgo, con toda razón, se alarmó. Sin embargo, sitios "hermanos" de la misma red, con el mismo CMS y construidos bajo los mismos principios estructurales, no se vieron afectados. Esa diferencia nos dio suficiente confianza para no desmantelar nada antes de tiempo. Observamos con atención, mantuvimos el rumbo y, en un mes, el sitio recuperó visibilidad. La base funcionaba.

No todas las organizaciones tienen el lujo de contar con propiedades hermanas para comparar. Pero el principio se mantiene: **no hagas cambios estructurales hasta evaluar el contexto completo**. Reaccionar demasiado pronto puede agravar el problema.

No todas las actualizaciones de algoritmo son iguales

- **Core updates (actualizaciones centrales):** Recalibraciones amplias que reponderan señales de valor entre industrias y tipos de consulta. El posicionamiento en los resultados de búsqueda puede cambiar incluso cuando en tu sitio no hay nada "roto". Los sitios con una buena alineación de intención de búsqueda, profundidad de contenido, enlazado interno sólido, páginas rápidas y autoría creíble tienden a ganar; las experiencias pobres, dispersas o lentas tienden a retroceder.

- **Spam updates (actualizaciones contra spam):** Se enfocan en tácticas manipuladoras como esquemas de enlaces, páginas "puerta" (doorway pages) y contenido girado/autogenerado de baja calidad. El impacto suele ser brusco (caídas fuertes o desindexación) y se mantiene hasta que se elimina el abuso. El camino a seguir es la remediación: eliminar o reemplazar contenido problemático, usar *noindex* donde haga falta, hacer una limpieza cuidadosa de enlaces y reconstruir sobre señales genuinas.

- **Helpful content updates (actualizaciones de contenido útil):**
  Degradan páginas creadas para perseguir rankings en lugar de servir a las personas. Se premian la originalidad, la experiencia de primera mano, el propósito claro y las respuestas que realmente resuelven la necesidad del usuario; se castigan, de forma indirecta, el relleno de contenido, los formatos de "clickbait" (gancho para el clic) y la lentitud a través de peores señales de interacción. Primero hay que auditar la alineación con la intención de búsqueda y la utilidad real, y después refinar estructura y rendimiento.

Cómo responder a las actualizaciones de algoritmo, sin sobrerreaccionar

Los ejecutivos no necesitan predecir cada cambio de algoritmo. Pero cuando las posiciones caen, sí necesitan un marco claro para tomar decisiones. La reacción equivocada —correr a cambiar contenido o estructura— puede hacer más daño que bien. La reacción correcta empieza con observar, luego reconocer patrones y, solo entonces, actuar.

Aquí tienes cómo liderar con confianza:

Cuándo mantenerte firme:

- La caída ocurre justo después de una actualización central confirmada.

- Tu sitio tiene fundamentos sólidos (velocidad, estructura, E-E-A-T —Experiencia, Especialización, Autoridad y Confianza— y schema).

- Tus competidores directos o "sitios hermanos" también se ven afectados.

- El tráfico se estabiliza o mejora en un periodo de 2 a 4 semanas.

Cuándo iniciar una respuesta:

- La caída es aislada y no se ha confirmado ninguna actualización.

- La pérdida de visibilidad continúa más allá de 30 días sin señales de recuperación.

- Tus competidores ganan terreno mientras tú lo pierdes.

- Detectas brechas claras en E-E-A-T, en el SEO técnico o en la claridad del contenido.

Una vez que hayas evaluado la situación, así es como debes actuar:

- **Refuerza primero tu base de SEO.**
  Antes de ajustar la estrategia, confirma indexabilidad, capacidad de rastreo, calidad del contenido y enlazado interno.

- **Evita los rediseños por reflejo.**
  La recuperación suele llevar tiempo; hacer cambios drásticos demasiado pronto puede

eliminar precisamente lo que sí estaba funcionando.

- **Refuerza las señales de E-E-A-T donde más importa.**
  En sectores como legal, salud, finanzas o medios, las biografías de autor y las credenciales no son opcionales.

- **Unifica a tus equipos.**
  Trata el SEO técnico y el contenido no como departamentos separados, sino como un solo sistema.

- **Espera resistencia. Lidera de todos modos.**
  Actualizar bios o páginas de autor puede parecer trivial. No lo es. Cada señal de confianza cuenta en un proceso de recuperación.

- **Mide el desempeño más allá de los rankings.**
  Enfócate en prospectos calificados, conversiones y visibilidad en plataformas impulsadas por IA, no solo en posiciones.

Conclusiones: cómo navegar las actualizaciones de algoritmo

- **Problema:** La volatilidad en los rankings genera pánico y reacciones exageradas.
  Paso siguiente: No desmanteles tu sitio. Deja que se estabilice antes de hacer cambios estructurales.

- **Problema:** No tienes una referencia clara de cómo la actualización afectó a tu categoría.
  Paso siguiente: Compara con patrones internos o reportes documentados de la industria. Si tienes

sitios hermanos, úsalos para orientar —no dictar— tu respuesta.

- **Problema:** Estás en una industria sensible y tus señales de confianza son débiles.
  Paso siguiente: Mejora las biografías de autor y los elementos de transparencia. Muestra credenciales, no solo opiniones.

- **Problema:** Los equipos editoriales se resisten a las actualizaciones de base.
  Paso siguiente: Presenta el trabajo de confianza (bios, estructura, schema) como algo estratégico, no cosmético. Explica cómo encaja en el sistema completo.

- **Problema:** Las estrategias técnicas y de contenido están desconectadas.
  Paso siguiente: Unifica ambos frentes. No puedes corregir rankings si Google no puede acceder o interpretar lo que publicas.

- **Problema:** Los logros de SEO no están vinculados a KPIs reales del negocio.
  Paso siguiente: Mide la visibilidad junto con conversiones y volumen de prospectos calificados, no solo posiciones de palabras clave.

- **Problema:** Tu equipo de SEO opera de forma aislada.
  Paso siguiente: Exige resúmenes posteriores a cada actualización que relacionen los cambios en rendimiento con acciones concretas.

5. E-E-A-T es un marco estratégico

En el corazón de muchas de estas actualizaciones hay un modelo de evaluación constante: **E-E-A-T — Experience, Expertise, Authoritativeness, Trustworthiness** (en español: Experiencia, Especialización, Autoridad y Confianza).

E-E-A-T es un marco de calidad que Google utiliza para evaluar si un contenido merece ser confiable y visible. Pone énfasis en:

- **Experiencia (Experience):** ¿El contenido fue creado por alguien con familiaridad real en el tema, basada en experiencia directa?

- **Especialización (Expertise):** ¿La persona que escribe tiene conocimientos formales o está calificada para hablar del tema?

- **Autoridad (Authoritativeness):** ¿El contenido se publica bajo una fuente o marca reconocida dentro de su campo?

- **Confiabilidad (Trustworthiness):** ¿La información es transparente, está citada, actualizada y es fácil de verificar?

Este marco importa especialmente en sitios donde la confianza es esencial: legal, salud, finanzas y periodismo. En estos sectores, Google espera experiencia real, no solo discurso de marketing.

Una táctica muy clara para fortalecer E-E-A-T: **mejorar los perfiles de autor**. Las páginas escritas por colaboradores anónimos o vagamente identificados no inspiran confianza. En cambio, cuando los autores están vinculados a biografías que muestran credenciales, años de experiencia y autoridad comprobable, la confianza aumenta.

- En un sitio de un despacho legal, deben aparecer la formación académica (licenciaturas), las colegiaciones y especialidades de práctica y años de experiencia.

- En un sitio de contenido de salud, deben aparecer credenciales médicas, afiliaciones a clínicas o experiencia en investigación.

- En un medio de noticias, deben mostrarse el enfoque del reportero, su antigüedad y los estándares editoriales.

No se trata de inflar títulos. Se trata de ayudar a las máquinas y a las personas a entender que hay alguien real y calificado detrás de la información.

La resistencia organizacional es predecible... y se puede resolver

Incluso en organizaciones serias, la resistencia es común. Muchos líderes editoriales se oponen a actualizar perfiles, agregar metadatos estructurados o incluso enlazar a páginas internas de autor. Es más trabajo. Y visto de forma aislada, ninguna de estas acciones parece justificar el esfuerzo.

Y tienen razón en algo: **una sola táctica no basta**.

El SEO no depende de una sola variable. Depende de cómo se suman y se refuerzan las señales. Actualizar biografías, por sí solo, no va a sacar a un sitio de una caída. Pero, combinado con mejor capacidad de rastreo, enlazado interno sólido, contenido de alta calidad y claridad temática, se convierte en una pieza poderosa dentro de un sistema mayor.

Lo mejor de todo: las páginas de autor muchas veces se pueden crear o mejorar en una sola tarde. Es un esfuerzo bajo con una señal alta, siempre que lo incluyas en tu base estratégica.

Por qué E-E-A-T importa para tu negocio

Google no solo evalúa contenido. Evalúa **la fuente** de ese contenido. En un entorno posterior a la explosión de la IA, lleno de información automatizada y no verificada, las señales de confianza dejaron de ser opcionales.

Si tu empresa opera en un sector que afecta la salud, las finanzas, la seguridad o decisiones importantes de vida, tu contenido será sometido a un estándar más alto. Eso incluye:

- Tener autoría y atribución claras.

- Mostrar evidencia de experiencia y credibilidad.

- Demostrar presencia real en el mundo físico (oficinas, certificaciones, información de contacto).

- Proporcionar señales de apoyo como citas, estándares editoriales o reseñas externas.

La ausencia de estas señales no solo afecta tus rankings: afecta la confianza en tu marca, la interacción de los usuarios y el potencial de ser citado por motores de IA. Si un sistema de IA no puede determinar quién eres, qué autoridad tienes o por qué debería citar tu página por encima de otras, quedarás fuera de la conversación por completo.

No necesitas entender cada detalle del algoritmo. Pero sí necesitas asegurarte de que tu organización sea **fácil de encontrar, verificable y confiable**, especialmente cuando tratas temas de alto impacto para las personas.

6. El SEO no es un departamento: es un sistema

El SEO no es un departamento. Es una disciplina transversal, un sistema operativo que corre silenciosamente por debajo de toda tu presencia digital. No vive en un solo puesto, un solo reporte ni un solo equipo. Toca todo: tu sitio web, tu marketing, la experiencia de tu producto y la credibilidad de tu marca.

No es una táctica de corto plazo ni un "extra" de campaña. Es un motor de largo plazo para la visibilidad, la confianza y el crecimiento. Cuando se trata como una tarea delegada, aislada o reducida a palabras clave, se estanca. Cuando se trata como un sistema, se multiplica.

Contrataste una agencia. Publicaste una vacante. Hiciste una auditoría. Tal vez alguien de tu equipo presenta un reporte de rankings o tráfico cada mes. Pero aquí está la verdad: nada de eso significa, por sí solo, que tengas SEO. Probablemente has tocado el SEO, pero mientras no forme parte de tu sistema, no forma parte real de tu motor de crecimiento.

Pilares del SEO: por qué los ejecutivos necesitan una visión más amplia

A los practicantes se les suele enseñar que el SEO se sostiene en tres pilares principales: técnico, on-page y off-page.

- **Técnico:** es la base de concreto sobre la que se construye todo tu sitio web. Garantiza que los motores de búsqueda puedan acceder, entender y evaluar tus páginas. Incluye la velocidad del sitio, la adaptabilidad móvil, la capacidad de **rastreo e indexación** correcta.

Cuando esta base es débil, todo lo que construyes encima, contenido, experiencia de usuario, branding, se vuelve inestable. No importa qué tan bueno sea tu mensaje si la infraestructura impide que las personas y los buscadores lo vean.

Tool tip: *Rastreo e indexación*
La capacidad de rastreo (crawlability) se refiere a qué tan fácilmente los motores de búsqueda pueden acceder a las páginas de tu sitio web. La indexación determina si esas páginas se almacenan y quedan habilitadas para aparecer en los resultados de búsqueda.

Una página tiene que ser rastreable antes de poder ser indexada. Si cualquiera de las dos cosas falla —por enlaces rotos, archivos bloqueados o una mala estructura— tu contenido permanece invisible, por muy bueno que sea.

- **On-Page:** es la forma en que tu contenido comunica su propósito: de manera clara, coherente y alineada con lo que realmente está buscando tu audiencia. El SEO on-page no trata de trucos ni atajos, sino de asegurarse de que cada página esté estructurada de una forma que transmita relevancia, genere confianza y encaje con la **intención de búsqueda** real. Títulos, descripciones, encabezados y estructura juegan un papel clave para convertir el contenido en activos descubribles, útiles y de alto rendimiento.

Tool tip: *Intención de búsqueda*
La razón de fondo detrás de una consulta: lo que el usuario realmente quiere lograr. Los tipos más comunes incluyen intención informacional (aprender algo), navegacional (encontrar una marca o página específica), comercial (comparar opciones antes de decidir) y transaccional (realizar una compra o completar una acción). Alinear el contenido con la intención correcta es fundamental tanto para la visibilidad como para la conversión.

- **Off-Page:** Si el SEO técnico es la cimentación y el SEO on-page es la estructura, el SEO off-page es tu reputación externa: lo que otros dicen de tu marca cuando no estás en la sala. Se construye a través de **backlinks**, menciones de marca, citas, relaciones públicas digitales y otras señales de credibilidad. Estas referencias validan tu autoridad tanto para los motores de búsqueda como para los usuarios. Cuanto más fuerte sea tu reputación fuera de tu sitio web, más peso tendrá tu contenido dentro de él. Esto no se puede fingir: hay que ganárselo.

Tool tip: *Backlinks*
Enlaces desde otros sitios web que apuntan al tuyo. Los backlinks de alta calidad, provenientes de fuentes confiables y relevantes, actúan como avales de tu credibilidad y ayudan a los motores de búsqueda a evaluar tu autoridad. No se trata solo de cantidad; la relevancia, la confianza y el contexto son lo que más importa.

Este modelo es fundamental para los practicantes, las personas que hacen el trabajo en el día a día. Se alinea bien con la forma en que los SEOs estructuran auditorías, planean campañas y reportan resultados. Lo encontrarás desglosado en detalle en el **Libro III de La trilogía del SEO**, que se enfoca en la ejecución táctica y en los flujos de trabajo cotidianos de SEO.

Pero para el liderazgo, estos tres pilares se quedan cortos.

No reflejan cómo funciona el SEO entre departamentos, cómo influye en la conversión ni cómo se integra con la estrategia digital más amplia de tu empresa.

Por eso este libro se centra en cinco pilares interdependientes que hacen que el SEO funcione como un sistema: **Técnico, Contenido, UX, Autoridad y Datos**.

Los cinco pilares de un sistema de SEO

Técnico

Esta es la base sobre la que se sostiene todo tu sitio: rastreo, indexación, enlazado interno y rendimiento. El SEO técnico se refiere a los elementos no relacionados con el contenido que ayudan a los motores de búsqueda a acceder, renderizar e interpretar tu sitio de forma eficiente. Esto incluye la arquitectura del sitio, los sitemaps, el archivo robots.txt y métricas de rendimiento como Core Web Vitals. Si los motores de búsqueda no pueden recuperar y entender tus páginas con facilidad, todo lo demás queda limitado.

Contenido

El contenido es la forma en que respondes a la intención de búsqueda con claridad y profundidad. Esto incluye no solo el texto principal, sino también la estructura general de tu sitio: dónde vive cada tema, cómo se conectan entre sí y qué tan claramente cada página atiende un propósito específico. La intención de búsqueda es la razón de fondo detrás de una consulta, si el usuario quiere aprender, comparar, navegar o realizar una acción, y debe definir el enfoque, la profundidad y el formato de tu contenido. Títulos, encabezados, elementos multimedia y datos estructurados desempeñan un papel clave para satisfacer esa intención.

UX (experiencia de usuario)

El diseño y el flujo pueden ayudar a los usuarios a completar la tarea por la que llegaron o estorbarles. La experiencia de usuario abarca tanto el diseño visual como la forma en que se organiza la información en la página, la legibilidad, el comportamiento en dispositivos móviles, la accesibilidad y la facilidad con la que los usuarios pueden actuar (por ejemplo, formularios, llamados a la acción, procesos de compra). Estos factores de UX influyen directamente en señales de interacción como tiempo en página, rebote y finalización de tareas, que a su vez se correlacionan con mejor visibilidad y mayores tasas de conversión.

Autoridad

Tanto los motores de búsqueda como las personas dependen de señales de confianza para evaluar la credibilidad. La autoridad se construye con validación en el mundo real: cobertura en medios, autoría experta, datos NAP (*Name, Address, Phone*: nombre, dirección y teléfono) consistentes y referencias de alta calidad. No se trata solo de backlinks. Menciones de marca, alianzas, reseñas y biografías que reflejan experiencia genuina ayudan a los motores de búsqueda a determinar si tu contenido merece posicionarse y ayudan a los usuarios a decidir si van a tomar acción.

Datos

Necesitas una instrumentación confiable para dirigir el sistema. Eso significa analítica que separe demanda de marca y sin marca, tableros que conecten la intención de palabra clave con las páginas de destino reales, y una gobernanza que mantenga tus reportes honestos y útiles. La gobernanza de datos incluye alinear métricas con resultados de negocio (como clientes potenciales, ingresos y oportunidades en pipeline), definir fuentes de verdad y mantener prácticas de seguimiento consistentes entre campañas, plataformas y equipos.

Estos pilares son interdependientes. Un buen contenido en un sitio lento y desorganizado no escala. Páginas rápidas con contenido superficial y desalineado no convierten. Una UX hermosa sin autoridad no se muestra. Y sin medición, no puedes defender la inversión ni iterar con confianza.

Entender los cinco pilares es esencial, pero el entendimiento por sí solo no genera impulso. La estrategia solo cobra sentido cuando se implementa a través de flujos de trabajo reales, con personas reales, en departamentos que a menudo no están acostumbrados a pensar en términos de SEO. Por eso construir una base sólida requiere más que teoría. Requiere tiempo, claridad y coordinación. El siguiente ejemplo ilustra cómo se ve eso en la práctica.

7. Construir una base sólida de SEO

Cuando empiezo a trabajar con una nueva empresa, no llego "tirando la puerta". Empiezo con cautela: aprendiendo, observando y entendiendo cómo funciona la organización. Estudio cómo operan los equipos, cómo se toman las decisiones y dónde vive el SEO… o, más comúnmente, dónde ha sido olvidado.

Mientras hago eso, empiezo a corregir en silencio los errores técnicos. Problemas de indexación. Trampas de rastreo. Schema redundante. Estructuras de página infladas. Estos son puntos de fricción invisibles que frenan a un sitio, y limpiarlos suele llevar buena parte de un año.

Pero ese primer año no se trata solo de código.

Se trata de tender puentes.

Identifico y conecto con las personas que deben formar parte del sistema de SEO, lo sepan o no todavía.

Redactores de contenido, copywriters, desarrolladores web, editores de video, equipos de analítica, brand managers, relaciones públicas, legal, UX, fotografía, medios pagados (paid media), redes sociales… casi todos los departamentos tienen un papel en el crecimiento orgánico.

Simplemente nadie les ha mostrado cómo.

Esa es una de las razones por las que existe este libro: para ayudar al liderazgo a ver que el SEO ya es parte del trabajo de todos, aunque nadie se los haya dicho de forma explícita.

Una vez que esa base de confianza está construida y el terreno técnico es estable, empiezo a señalar las oportunidades reales: no lo que *podría* generar impacto, sino lo que *va a generar impacto*.

Para entonces, ya me gané el espacio en la conversación y, más importante aún, sé exactamente por dónde se está filtrando el valor del sistema.

Con la experiencia, he:

- Reestructurado arquitecturas completas de URL para mejorar la navegación del usuario y darle a los motores de búsqueda una comprensión más clara de nuestra estrategia de contenido.

- Consolidado categorías infladas o redundantes, fusionando miles de URLs heredadas para construir autoridad temática y eliminar la canibalización.

- Escrito manuales (playbooks) de gestión de reputación para elevar la autoridad off-page y mejorar cómo interactúan los usuarios con la marca en toda la web.

- Implementado marcado de datos estructurados (schema) a medida: no scripts genéricos, sino datos estructurados diseñados específicamente para nuestro contenido y nuestros objetivos, evitando el ruido innecesario del schema generado por software.

- Controlado presupuestos de rastreo a nivel empresarial mediante XML sitemaps estratégicos que evitan que los motores de búsqueda desperdicien recursos en páginas no esenciales.

Y eso es solo un puñado de ejemplos.

A lo largo de los años, he ejecutado cientos de iniciativas de SEO de alto impacto. Algunas son técnicas. Otras son estratégicas. Pero todas refuerzan la misma idea:

Cuando el SEO está integrado en tu sistema, no solo en tu plan de marketing, la visibilidad deja de ser un juego de adivinanzas y se convierte en una ventaja competitiva.

El SEO no falla porque la teoría esté mal. Falla porque los equipos no entienden cómo su parte del rompecabezas afecta la visibilidad, la interacción o los ingresos.

Por qué las empresas fracasan, incluso con grandes personas en su equipo

Existe una idea equivocada muy común:

Si contratamos a la agencia de SEO más fuerte, deberíamos confiar en que el retorno de inversión llegará.
Si traemos a un profesional de SEO muy bien pagado, deberíamos poder darle la vuelta a la situación.

El problema no es la estrategia.

El problema es la implementación y el control de calidad… y quién es responsable de ellos.

Incluso las mejores agencias solo pueden llegar hasta donde se los permite el alcance de trabajo definido en tu contrato de servicios, también conocido como *Statement of Work* (SOW)

Tu equipo interno tiene que hacer el resto. Y si las personas responsables de publicar contenido, actualizar el sitio, manejar las plantillas o gestionar los recursos multimedia no tienen una comprensión sólida de los principios de SEO, la mejor estrategia del mundo seguirá fallando.

Por eso muchas organizaciones se sienten frustradas después de contratar expertos externos o consultores:

- Las recomendaciones tienen sentido.

- El plan es claro.

- Pero los resultados no llegan.

No es porque la estrategia estuviera mal diseñada. Es porque la ejecución estaba fragmentada.

Cuando el SEO se convierte en una responsabilidad compartida, respaldada por los líderes, entendida por los equipos y apoyada por procesos, avanza rápido y escala bien. Pero cuando se trata como un servicio "propiedad" de alguien más, se convierte en una iniciativa detenida, enterrada bajo la fricción interna.

La verdad es que el SEO no vive en la presentación. Vive en los detalles. Y mientras esos detalles no se ejecuten correctamente desde dentro de la empresa, ningún experto externo puede hacer que funcione por sí solo.

A continuación, veremos algunos ejemplos reales que muestran lo fácil que es que todo salga mal... y por qué la supervisión ejecutiva es tan importante.

1. Un blog lleno de contenido... pero sin dirección

Un gran sitio de medios había invertido fuertemente en publicación de contenido. El volumen de artículos era impresionante, pero el tráfico y la interacción estaban por debajo de los competidores. Al analizarlo con más detalle, el problema quedó claro:

- Los artículos no estaban alineados con ninguna intención de búsqueda: no había claridad sobre para quién eran ni qué consultas respondían.

- No había llamados a la acción claros: nada que invitara al lector a explorar más, convertirse o suscribirse.

- Los enlaces internos apuntaban con frecuencia a temas no relacionados, lo que diluía tanto el valor de SEO como la experiencia del usuario.

- Las estructuras de encabezados (H1, H2, etc.) faltaban o estaban mal usadas, lo que hacía el contenido más difícil de interpretar, tanto para los lectores como para los motores de búsqueda.

- Los artículos se duplicaban en múltiples categorías, lo que generaba canibalización de palabras clave y autoridad diluida.

- Páginas de categoría críticas estaban marcadas por error con "noindex", eliminándolas por completo de la visibilidad en búsqueda.

Para el liderazgo, el blog parecía productivo.
Para los motores de búsqueda, parecía incoherente.

Sin alguien que conectara la producción de contenido con los resultados de SEO, todo ese esfuerzo rendía muy por debajo de su potencial.

2. Una estrategia de video bien intencionada que perjudicó el rendimiento

El video suele presentarse como un impulsor de la interacción, y puede serlo. Pero un cliente vio caer su tráfico después de implementar videos en sus páginas.

Esto fue lo que salió mal:

- Los videos se agregaron directamente al sitio **sin usar una plataforma de entrega** (como YouTube o una red de distribución de contenido adecuada). Como resultado, **los tiempos de carga aumentaron significativamente**, afectando las métricas de rendimiento.

- Los videos se colocaron *por debajo del doblez* (below the fold), es decir, fuera de la parte visible inicial de la página, por lo que los motores de búsqueda no los priorizaban y muchos usuarios ni siquiera los veían.

- **No había marcado de datos estructurados** que indicara la presencia de contenido en video, así que no mejoraban los listados en búsqueda ni aportaban visibilidad adicional.

No era una mala idea; lo que faltó fue control de calidad en la implementación.

El SEO no se trata de agregar funcionalidades. Se trata de integrarlas de la manera correcta.

3. Imágenes de alta calidad que casi hunden la capacidad de descubrimiento

Otra organización quería crear una experiencia visualmente impactante. Priorizó fotografía en alta resolución para transmitir una sensación "premium". Pero no optimizaron las imágenes.

Cada página cargaba varios archivos de varios megabytes, lo que hacía lenta la experiencia y dañaba el rendimiento en dispositivos móviles.

Después de comprimir y optimizar correctamente las imágenes (sin sacrificar calidad) y de aplicar metadatos estructurados a nivel de imagen, el resultado fue inmediato:

- En dos semanas, el sitio capturó el 80 % de la cuota de mercado en las búsquedas de imágenes relevantes en Google dentro de su categoría.

- Sin contenido nuevo. Sin nuevas campañas. Solo precisión en la ejecución.

Todos estos escenarios tenían algo en común:

- Había talento.

- Había inversión.

- El problema no era visible… hasta que alguien con experiencia en SEO lo puso sobre la mesa.

Por eso la comprensión ejecutiva es tan importante.

Los problemas de SEO suelen ser silenciosos. No disparan mensajes de error. No aparecen claramente en los paneles de control… hasta que empiezan a costar visibilidad, posiciones e ingresos.

Cuando el SEO se deja al azar, incluso equipos muy capaces pueden tomar decisiones que perjudican el rendimiento.

Pero cuando se entiende a nivel de liderazgo, empiezas a construir un sistema en el que contenido, rendimiento, UX y visibilidad trabajan juntos, no unos contra otros.

El mapa de responsabilidades del SEO: cómo se genera el crecimiento entre equipos

El rendimiento en búsqueda no vive en un solo departamento: es el resultado de decenas de decisiones tomadas entre producto, contenido, diseño, desarrollo, marketing y analítica. Por eso el SEO a menudo rinde por debajo de su potencial: no porque nadie lo posea, sino porque todos lo tocan y nadie se alinea realmente alrededor de él.

Este mapa replantea el SEO como un sistema transversal. Cada categoría representa una capa crítica que contribuye a la visibilidad orgánica, desde cómo se estructuran las páginas hasta cómo se descubren, se comparten y se entienden. Para cada una, hay un responsable claro, colaboradores clave y un rol para el liderazgo: garantizar la alineación, asignar los recursos correctos y eliminar la fricción que frena el progreso.

Aquí no vas a encontrar checklists (listas de verificación) ni tácticas paso a paso. En su lugar, cada categoría destaca:

- Por qué importa para el negocio.

- Quién es responsable y qué decisiones debe respaldar el liderazgo.

- Problemas comunes que, silenciosamente, cuestan visibilidad o crecimiento.

- Una estrategia clara, explicada de forma narrativa, para alinearse con tu equipo de SEO.

- El resultado de negocio que puedes esperar cuando esa área está funcionando bien.

Esta estructura está diseñada para ayudar a los líderes a entender la mecánica real del SEO: no solo las posiciones, sino la infraestructura, la claridad y la coordinación necesarias para impulsar un crecimiento sostenible.

Cuando cada una de estas áreas está respaldada por el equipo adecuado, equipada con las herramientas correctas y alineada hacia un resultado compartido, el SEO deja de ser solo un canal de marketing para convertirse en una verdadera ventaja estratégica.

Rastreo e indexación

Por qué importa: Los motores de búsqueda no pueden posicionar lo que no pueden alcanzar. Cuando las páginas de alto valor se vuelven difíciles de encontrar o quedan ocultas sin querer, el tráfico cae, y ningún ajuste de contenido o diseño lo corrige. Esta categoría protege la capacidad de descubrimiento a nivel de sistema.

Equipo responsable: Líder de Desarrollo Web
Colaboradores clave: Líder de SEO, Equipo de Analítica, Equipo de Contenidos

Decisiones y asignación de recursos:

- Aprobar una política de indexación clara (qué debe y qué no debe aparecer en búsqueda).
- Financiar un mecanismo básico de control en los lanzamientos para evitar errores críticos de SEO.
- Respaldar un marco de respuesta para corregir problemas de indexación con rapidez.

Problemas comunes:

- Páginas clave bloqueadas accidentalmente para los buscadores o enterradas en la navegación.
- URLs duplicadas compitiendo entre sí.
- Cadenas de redirecciones o enlaces rotos después de actualizaciones.

Estrategia para alinearte con tu equipo de SEO:
Trata tus páginas más valiosas, las vinculadas a generación de clientes potenciales o ingresos, como activos protegidos. Acuerden una lista corta de estas secciones prioritarias e intégrenlas en su proceso de publicación: deben estar siempre incluidas, ser accesibles en un máximo de dos clics y estar libres de duplicaciones o ruido de redirecciones.

Programa una revisión mensual para confirmar que nada se haya escapado. No se trata de perseguir la perfección técnica, sino de asegurar que tus páginas que impulsan el crecimiento estén siempre visibles y funcionando como deben.

Resultado de negocio:
Cuando el rastreo se gestiona de forma deliberada, evitas pérdidas invisibles. Tus páginas más importantes se mantienen constantemente descubribles, tus inversiones en SEO se acumulan con el tiempo y, cuando algo se rompe, el equipo lo detecta a tiempo, antes de que te cueste tráfico o prospectos.

Elementos PDF

Por qué importa: Los PDF suelen contener contenido valioso, guías, folletos, formularios, fichas técnicas, pero rara vez se tratan como activos estratégicos. Si son invisibles para los motores de búsqueda, difíciles de usar en móvil o están desconectados del resto del sitio, pueden frenar el rendimiento y hacerte perder oportunidades de conversión.

Equipo responsable: Líder de Contenido
Colaboradores clave: Líder de SEO, Equipo de Desarrollo Web, Equipo de Diseño Gráfico

Decisiones y asignación de recursos:

- Aprobar un modelo de gobernanza para los PDF públicos (nomenclatura, ubicación y formato).
- Asegurar que los equipos responsables de crear o subir PDF sigan los estándares de SEO.
- Financiar limpiezas periódicas para retirar o reemplazar archivos desactualizados.

Problemas comunes:

- PDF enterrados tras varios clics, sin enlaces internos o bloqueados para su indexación.
- Documentos sin títulos, metadatos ni plantillas de marca.
- Versiones antiguas que siguen siendo visibles en los resultados de búsqueda.
- Ninguna conexión clara desde el PDF de regreso al sitio.

Estrategia para alinearte con tu equipo de SEO:
Trata cada PDF público como si fuera una landing page. Aplica convenciones de nombre que coincidan con búsquedas reales, agrega títulos y propiedades de documento, e incluye encabezados con marca y enlaces de regreso a páginas clave. Si un PDF aparece en los resultados de búsqueda, debe sentirse como un punto de entrada intencional, no como un archivo adjunto

aislado. Acompaña esto con una revisión simple de inventario cada trimestre para eliminar duplicados o versiones desactualizadas. Con un esfuerzo mínimo, tus PDF existentes pueden apoyar tanto la capacidad de descubrimiento como la confianza.

Resultado de negocio:
Tu biblioteca de PDF se vuelve rastreable, medible y alineada con tus objetivos. En lugar de perder visibilidad por documentos olvidados, ganas nuevas fuentes de tráfico, señales de marca más fuertes y una mejor experiencia de usuario... todo a partir de contenido que ya tenías.

Señales de confianza del dominio

Por qué importa: Tu dominio envía señales constantes sobre legitimidad, estabilidad y propiedad. Los motores de búsqueda dependen de esas señales para decidir si confían en tu contenido, si lo muestran o si lo suprimen, especialmente cuando hay múltiples sitios o marcas involucradas.

Equipo responsable: Líder de TI u Operaciones
Colaboradores clave: Líder de SEO, Equipo Legal, Seguridad Cibernética.

Decisiones y asignación de recursos:

- Mantener propiedad y acceso claros a todos los dominios y subdominios.
- Aprobar políticas de redirección que consoliden la autoridad entre propiedades.
- Respaldar auditorías periódicas para evitar brechas de confianza y seguridad.

Problemas comunes:

- Dominios heredados que siguen indexados o mostrando contenido desactualizado.
- Páginas no seguras (HTTP) o redirecciones mal configuradas.
- Subdominios o micrositios compitiendo con el sitio principal.
- Información de propiedad de dominio inconsistente, vencida u oculta.

Estrategia para alinearte con tu equipo de SEO:
Trata tu dominio y tus subdominios como un solo ecosistema gestionado. Mantén un inventario activo de qué está en producción y por qué, con una política clara sobre qué debe redirigir, permanecer activo o retirarse. Asegúrate de que cada dominio refleje una marca segura y unificada: HTTPS, registros WHOIS consistentes y redirecciones limpias. Si has adquirido otros dominios o descontinuado sitios antiguos, trabaja con SEO para proteger y transferir la autoridad acumulada. Para subdominios internacionales o específicos de producto, valida que estén apoyando, no fragmentando, tu presencia en búsqueda.

Resultado de negocio:
Una estructura de dominios limpia y confiable construye credibilidad ante motores de búsqueda y usuarios. Evitas la fragmentación, reduces riesgos de seguridad y mejoras el impacto de cada campaña al mantener alineadas las señales de confianza. Esto le da a tu marca una base más sólida para la visibilidad y el crecimiento a largo plazo.

Google Search Console

Por qué importa: Google Search Console (GSC) es la fuente principal para entender cómo Google ve tu sitio. Muestra qué se está indexando, cómo aparecen tus páginas en los resultados de búsqueda y dónde los problemas técnicos o de contenido pueden estar frenando el rendimiento. Si tu equipo no lo usa o no tiene acceso, está trabajando a ciegas.

Equipo responsable: Líder de SEO
Colaboradores clave: Equipo de Analíticas, Equipo de Desarrollo Web, Equipo de Contenido

Decisiones y asignación de recursos:

- Asegurar que todas las propiedades verificadas estén activas y accesibles para los equipos relevantes.
- Aprobar flujos de trabajo que canalicen los hallazgos clave de GSC (errores, problemas de cobertura, cambios en palabras clave) hacia los responsables adecuados.
- Respaldar una supervisión regular, no solo cuando cae el tráfico.

Problemas comunes:

- Secciones clave o subdominios que ni siquiera aparecen en GSC.
- Propiedades vinculadas a cuentas personales o credenciales extraviadas.
- Problemas de indexación identificados en GSC pero sin resolver por falta de claridad o seguimiento.

- Decisiones de contenido tomadas sin información sobre el desempeño real de las páginas en búsqueda.

Estrategia para alinearte con tu equipo de SEO:
Haz que GSC forme parte de tu ritmo normal de revisión. Verifica todas las propiedades activas, dominios principales, subdominios y versiones internacionales, asigna la propiedad a una cuenta de negocio, no a individuos. Define un conjunto básico de reportes para revisar mensualmente: cobertura de indexación, rendimiento en búsqueda, experiencia de página, mejoras y acciones manuales. Da a tu equipo de SEO el mandato de traducir esos hallazgos en acciones concretas y asegúrate de que cada responsable entienda qué insights de GSC afectan a su parte del sitio. No trates GSC como una herramienta solo para "apagar incendios", trátala como un panel de visibilidad en tiempo real.

Resultado de negocio:
Con el acceso correcto y un proceso de revisión definido, GSC se convierte en un sistema de alerta temprana y una fuente de oportunidades. Los equipos pueden detectar problemas antes de que afecten al tráfico y tomar mejores decisiones basadas en lo que realmente funciona en búsqueda. Mantiene tus esfuerzos de SEO enfocados, medibles y alineados con la forma en que Google ve tu sitio.

Enlaces Internos

Por qué importa: Los enlaces internos determinan cómo los motores de búsqueda entienden tu sitio y cómo los usuarios lo navegan. Señalan qué páginas importan más, guían el flujo de autoridad y conectan contenido relacionado. Una estructura de enlaces internos bien pensada convierte un conjunto disperso de contenidos en un sistema cohesivo que posiciona mejor y convierte más.

Equipo responsable: Líder de SEO
Colaboradores clave: Equipo de Contenido, Equipo de Desarrollo Web, Equipo UX

Decisiones y asignación de recursos:

- Respaldar estándares de enlazado para los equipos de contenido (por ejemplo, que cada página nueva enlace hacia arriba y hacia abajo en la jerarquía).
- Aprobar patrones de diseño que destaquen enlaces clave en navegación, módulos y footer (pie de página).
- Financiar correcciones estructurales cuando las páginas profundas o aisladas no se están descubriendo.

Problemas comunes:

- Páginas de alto valor enterradas demasiado profundo o sin enlaces internos que apunten hacia ellas.
- Equipos editoriales que publican sin una estrategia de enlazado.
- Enlaces rotos o desactualizados después de cambios en el sitio.
- Uso excesivo de texto ancla genérico que pierde contexto.

Estrategia para alinearte con tu equipo de SEO:
Piensa en tu sitio como un mapa. La página de inicio y

las secciones centrales deben guiar de forma natural a los visitantes —y a los motores de búsqueda— hacia destinos importantes y relevantes. Pide a tu equipo de SEO que identifique qué páginas están poco enlazadas y elaboren un plan para destacarlas con más frecuencia en la navegación, hubs o módulos de contenido. Establece la expectativa de que cada página nueva refuerza la estructura, no que exista aislada. Incluso módulos sencillos de enlaces (por ejemplo, "Temas relacionados" o "También te puede interesar") pueden fortalecer la visibilidad y ayudar a los usuarios a profundizar.

Resultado de negocio:
Con una estrategia clara de enlazado interno, las páginas importantes se encuentran más rápido, se posicionan mejor y mantienen a los usuarios involucrados por más tiempo. Reduces la dependencia de enlaces externos para rendir bien en búsqueda y mejoras tanto la capacidad de descubrimiento como la conversión… simplemente usando de forma más inteligente el contenido que ya tienes.

Internacionalización

Por qué importa: Si tu empresa atiende a varios países, idiomas o regiones, los motores de búsqueda necesitan señales claras sobre qué páginas mostrar en cada lugar. Sin una configuración internacional adecuada, tu contenido puede competir consigo mismo, confundir a los usuarios o simplemente no aparecer en los mercados correctos.

Equipo responsable: Líder de Desarrollo Web
Colaboradores clave: Líder de SEO, Localización, Legal

Decisiones y asignación de recursos:

- Aprobar la estructura para contenido multilingüe y multirregional (por ejemplo, subcarpetas vs. subdominios).
- Respaldar la implementación de señales de idioma y región en todas las versiones.
- Asegurar que las actualizaciones sigan un modelo internacional consistente, no solo "parches" locales.

Problemas comunes:

- Una versión en un idioma apareciendo en los resultados de búsqueda del país equivocado.
- Uso inconsistente de metadatos, diseño o avisos legales localizados.
- Etiquetas hreflang ausentes o rotas (hreflang indica a los motores de búsqueda qué versión de una página mostrar en cada idioma o región).
- Equipos separados que crean contenido duplicado o contradictorio sin coordinación.

Estrategia para alinearte con tu equipo de SEO:

Crea un solo marco global y respétalo. Define la estructura ideal del sitio para crecer internacionalmente y documenta cómo debe crearse, etiquetarse y enlazarse cada versión de página. Trabaja con tu equipo de SEO para asegurar que hreflang esté implementado de manera correcta y sistemática en todas las páginas. Si la localización se externaliza o la gestionan equipos regionales, exige consistencia con un estándar compartido de SEO y UX. El SEO internacional no se trata solo de traducir, sino de señalar con precisión.

Resultado de negocio:

Con una estrategia de internacionalización sólida, tu marca aparece correctamente en cada mercado al que sirves. Evitas perder tráfico, previenes la canibalización entre regiones y construyes una presencia global unificada. Así te aseguras de que tu inversión en localización realmente genere el alcance y la capacidad de descubrimiento que merece.

Local SEO

Por qué importa: Cuando los clientes buscan con intención local —por ciudad, colonia o usando "cerca de mí"— normalmente ya están listos para tomar acción. El Local SEO se asegura de que tu negocio aparezca cuando y donde más importa. Es un camino directo hacia llamadas, visitas, reservas e ingresos.

Equipo responsable: Local Marketing Manager
Colaboradores clave: Líder de SEO, Social, Customer Service

Decisiones y asignación de recursos:

- Aprobar la gobernanza para la gestión de los perfiles de Google Business Profile y las páginas de ubicación.
- Asignar una responsabilidad clara para los flujos de respuesta a reseñas.
- Asegurar información de negocio correcta y consistente en todas las plataformas.

Problemas comunes:

- Fichas con horarios, servicios o ubicaciones inconsistentes o desactualizados.

- Reseñas ignoradas o respondidas sin alineación con la marca.
- Páginas de ubicación con contenido pobre o duplicado.
- Ausencia de un plan estructurado para crecer la visibilidad en mercados locales competitivos.

Estrategia para alinearte con tu equipo de SEO:
Trata cada ubicación como una sucursal que debe ganarse su propia visibilidad. Asegúrate de que cada perfil de Google Business Profile esté reclamado, completo y gestionado de forma activa: categorías, descripciones, fotos, lista de servicios y enlaces a tu sitio. Tu equipo de SEO puede ayudar a que cada ubicación tenga una landing page indexable, de alta calidad, optimizada para términos de búsqueda locales y conectada con la navegación interna. Las reseñas son críticas aquí: desarrolla un sistema proactivo para solicitarlas y responderlas. La confianza local es un factor de ranking… y de conversión.

Resultado de negocio:
Una presencia local bien gestionada genera más visitas físicas, llamadas y clientes potenciales dentro de tu área de servicio. Aumentas la visibilidad en búsquedas de alta intención, fortaleces la credibilidad de marca y obtienes resultados medibles a nivel local… sin depender de anuncios pagados. Cuando se hace bien, el Local SEO convierte la proximidad en rendimiento.

Analítica y hallazgos

Por qué importa: Sin datos precisos no hay forma de medir qué está funcionando ni qué te está frenando. La analítica conecta el esfuerzo con los resultados. Permite que tu equipo priorice, diagnostique y demuestre impacto a lo largo del tiempo. En SEO, eso significa vincular la visibilidad con el desempeño real del negocio.

Equipo responsable: Líder de Analítica
Colaboradores clave: Líder de SEO, equipo de Contenido, Desarrollo Web

Decisiones y asignación de recursos:

- Aprobar un tracking consistente en todos los dominios, subdominios y entornos.
- Asegurar que los equipos tengan acceso a dashboards y métricas relevantes para SEO.
- Respaldar procesos de QA (Quality Assurance o aseguramiento de la calidad) que detecten problemas de tracking a tiempo, especialmente después de cambios en el sitio.

Problemas comunes:

- Páginas sin etiquetas de analítica clave o enviando datos incorrectos.
- Rendimiento de SEO medido solo a nivel de canal, no por página, tema o intención.
- Confusión sobre qué métricas importan (por ejemplo, clics vs. impresiones vs. conversiones).
- Dashboards rotos o demoras en identificar tendencias.

Estrategia para alinearte con tu equipo de SEO:
Establece una definición compartida de lo que significa éxito en búsqueda, más allá de los rankings. Configura dashboards que combinen datos de Google Search Console, Google Analytics y otras herramientas de SEO para medir el rendimiento a nivel de contenido: qué páginas se descubren, reciben clics y generan

interacción. Trabaja con tu equipo para crear una cadencia de revisión recurrente (mensual o trimestral) donde las tendencias no solo se reporten, sino que se interpreten. Los datos deben impulsar acciones, no quedarse en un informe.

Resultado de negocio:
Con la analítica adecuada, el SEO se convierte en una palanca estratégica que puedes monitorear, ajustar y escalar. El liderazgo ve señales claras de crecimiento, los equipos de contenido reciben retroalimentación que mejora su trabajo futuro y los equipos técnicos pueden detectar problemas antes de que se vuelvan costosos. Los insights convierten al SEO de una caja negra en un motor de rendimiento repetible y medible.

Optimización de imágenes

Por qué importa: Las imágenes influyen en todo: desde la velocidad de carga y el posicionamiento en buscadores hasta la interacción del usuario. Pero si son demasiado pesadas, no están etiquetadas o tienen nombres poco claros, pueden ralentizar el rendimiento y perder visibilidad crítica en la búsqueda de imágenes. Las imágenes optimizadas hacen que tus páginas sean más rápidas, más descubribles y más atractivas.

Equipo responsable: Líder de Desarrollo Web
Colaboradores clave: Líder de SEO, Diseño, Contenido

Decisiones y asignación de recursos:

- Aprobar estándares de optimización para todas las imágenes nuevas y existentes.
- Financiar herramientas o flujos de trabajo que automaticen la compresión, el nombrado y el etiquetado.

- Respaldar la colaboración entre diseño y SEO para alinear formatos y necesidades de metadatos.

Problemas comunes:

- Imágenes sobredimensionadas que ralentizan los tiempos de carga, especialmente en móvil.
- Texto ALT ausente o vago, que reduce la accesibilidad y la claridad para búsqueda.
- Nombres de archivo que no reflejan el contenido de la página ni la intención de palabra clave.
- Recursos duplicados o versiones desactualizadas almacenadas y servidas de forma inconsistente.

Estrategia para alinearte con tu equipo de SEO:
Construye un sistema ligero de gobernanza de imágenes. Empieza con lineamientos compartidos: cada imagen debe estar comprimida sin pérdida visible de calidad, nombrada de forma que refleje su contenido o tema e incluir un texto ALT descriptivo.

Tool Tip: *Texto ALT*
Abreviatura de "texto alternativo". Ayuda a los lectores de pantalla a describir las imágenes a usuarios con discapacidad visual y permite que los motores de búsqueda entiendan el contenido de la imagen para efectos de indexación y relevancia. Un buen texto ALT refuerza tanto la accesibilidad como el SEO.

Alinea diseño y SEO para que cada equipo tenga claro dónde aparecen las imágenes, qué propósito cumplen y cómo apoyan los objetivos de rendimiento. En sitios grandes, automatiza en la medida de lo posible: la compresión, la conversión de formato y el etiquetado de metadatos suelen poder integrarse en flujos de trabajo.

Resultado de negocio:
Las imágenes optimizadas mejoran la velocidad de página, refuerzan la claridad del contenido y amplían la visibilidad a través de la búsqueda de imágenes. Mejoran la experiencia del usuario y la capacidad de descubrimiento, especialmente en páginas de productos, servicios y ubicaciones. Con el tiempo, esto se traduce en tiempos de carga más rápidos, mayor interacción y más tráfico calificado, sin necesidad de agregar contenido nuevo.

Optimización de video

Por qué importa: El video puede aumentar la interacción, explicar temas complejos e incrementar el tiempo en página, pero solo si es visible, rápido e indexable. Un video mal optimizado perjudica el rendimiento, ralentiza las páginas y muchas veces pasa desapercibido para los motores de búsqueda. Cuando se trata de forma estratégica, el video se convierte en un impulsor potente de descubrimiento y confianza.

Equipo responsable: Líder de Desarrollo Web
Colaboradores clave: Líder de SEO, Producción de video, Diseño

Decisiones y asignación de recursos:

- Aprobar la estrategia de alojamiento y entrega de video (autoalojado vs. plataformas como YouTube o Vimeo).
- Respaldar el uso de datos estructurados y etiquetado de metadatos para el contenido en video.

- Financiar plantillas escalables para embeber video *above the fold* con contexto claro.

Problemas comunes:

- Videos ubicados muy abajo en la página o que se cargan solo tras la interacción del usuario, de modo que los motores de búsqueda los pasan por alto.
- Ausencia de marcado *schema* que ayude al video a aparecer en resultados enriquecidos.
- Archivos de gran tamaño que ralentizan los tiempos de carga o afectan negativamente las Core Web Vitals.
- Videos publicados en plataformas de terceros sin ningún enlace o *embed* en tu sitio.

Estrategia para alinearte con tu equipo de SEO:
Haz del video un elemento central de tu estructura de contenido, no solo un adorno visual. Colabora con el equipo de SEO para asegurarte de que cada video esté embebido en una página relevante y rastreable, rodeado de contexto que refuerce su tema. Aplica marcado VideoObject con propiedades clave como título, descripción, miniatura, duración y fecha de publicación para ayudar a los motores de búsqueda a mostrarlo en resultados enriquecidos. Usa formatos de carga rápida, CDNs (Content Delivery Network, red de distribución de contenidos) o plataformas de video optimizadas para rendimiento. Y, sobre todo, coloca el video donde realmente se vea. La visibilidad impulsa la indexación.

Tool Tip: *Indexación de video*
Para que una página sea indexada como recurso de video, el video debe aparecer above the fold, es decir, visible sin hacer scroll tanto

en escritorio como en móvil. Los embeds ocultos tras pestañas o ubicados demasiado abajo pueden ser ignorados por los motores de búsqueda.

Resultado de negocio:

El video optimizado incrementa tu presencia en los resultados de búsqueda, genera una interacción más profunda y refuerza la autoridad de tu marca. Cuando es descubrible y rápido, el video actúa como multiplicador: impulsa el rendimiento SEO, mejora la experiencia de usuario y amplía el alcance de tu contenido tanto en búsqueda como en plataformas sociales.

Autoridad de marca y señales externas

Por qué importa: Los motores de búsqueda miran más allá de tu sitio web para evaluar credibilidad. Las menciones, los enlaces, las reseñas y la forma en que la gente habla de tu marca influyen en si tu contenido se muestra… o se deja de lado. Las señales externas construyen la autoridad que hace que tus rankings se mantengan en el tiempo.

Equipo responsable: Líder de Relaciones Públicas o de Comunicación

Colaboradores clave: Líder de SEO, equipo de Alianzas, Legal, Redes Sociales

Decisiones y asignación de recursos:

- Alinear las estrategias de PR, alianzas y contenido para apoyar la visibilidad de marca a largo plazo.
- Aprobar esfuerzos de difusión y publicación que generen menciones creíbles y backlinks de calidad.

- Asegurar que los equipos de marca y legal no limiten sin querer la visibilidad ganada (por ejemplo, eliminando enlaces o bloqueando *embeds*).

Problemas comunes:

- Marca o dominio mencionados de forma inconsistente en medios y sitios de socios.
- Menciones en sitios de alta autoridad que no enlazan de regreso… o enlazan al lugar equivocado.
- Link building gestionado por terceros sin control de calidad, con riesgo de penalizaciones.
- Oportunidades perdidas para amplificar contenido de alto rendimiento más allá de tus propios canales.

Estrategia para alinearte con tu equipo de SEO:
Piensa en la autoridad de marca como una especie de "puntaje de reputación digital". Fomenta que los equipos colaboren en contenido y alianzas que de forma natural ganen atención de otros sitios confiables: medios, organizaciones, instituciones locales o líderes de la industria. Tu equipo de SEO puede ayudar a evaluar la calidad de los enlaces, sugerir contenido para amplificación e identificar qué menciones realmente impulsan la visibilidad en búsqueda. Usa los logros de PR, el liderazgo de opinión y el contenido en redes sociales para crecer tanto el reconocimiento como la autoridad, asegurándote de que esos esfuerzos conecten de vuelta con tu sitio.

Resultado de negocio:
Una presencia externa sólida hace que tu sitio sea más

competitivo en búsqueda, especialmente en mercados saturados. Apoya la estabilidad de rankings a largo plazo, mejora las señales de confianza y amplifica el alcance de cada campaña. La autoridad no vive solo en tu sitio: se construye en toda la web.

Optimización del perfil de página

Por qué importa: Cada página de tu sitio es una posible puerta de entrada desde la búsqueda. Cuando está claramente estructurada, alineada con la intención del usuario y resulta fácil de entender, tanto para las personas como para los motores de búsqueda, su desempeño mejora. Esta es la esencia del SEO on-page: optimizar el perfil individual de cada página para maximizar visibilidad y relevancia.

Equipo responsable: Líder de SEO
Colaboradores clave: Contenido, Diseño, Desarrollo Web

Decisiones y asignación de recursos:

- Aprobar estándares de contenido alineados con la forma en que los usuarios buscan (encabezados, metadatos, estructura del texto).
- Respaldar la colaboración entre contenido, diseño y SEO durante la creación de páginas, no solo después del lanzamiento.
- Financiar mejoras iterativas basadas en el rendimiento en búsqueda, en lugar de publicaciones "de una sola vez".

Problemas comunes:

- Páginas sin títulos claros, encabezados definidos o contexto de palabras clave.
- Páginas duplicadas o desactualizadas compitiendo con mejores contenidos.
- Contenido superficial o inflado que no coincide con lo que el usuario espera encontrar.
- Equipos que crean contenido sin visibilidad sobre cómo se desempeña en búsqueda.

Estrategia para alinearte con tu equipo de SEO:
Trata cada página como un producto con un perfil que se debe gestionar. Ese perfil incluye la etiqueta de título, la meta descripción, la estructura de encabezados, el texto, los enlaces internos y los elementos multimedia de apoyo, todo mapeado a una intención de búsqueda específica. Tu equipo de SEO puede ayudar a definir esa intención y guiar la estructura para respaldar tanto el posicionamiento como la claridad. Piensa en la optimización on-page no como una checklist, sino como una forma de hacer que cada página sea intencional y fácil de encontrar.

Resultado de negocio:
Con perfiles de página optimizados, una mayor proporción de tu contenido posiciona, recibe clics y convierte. Reducirás la canibalización, mejorarás la capacidad de descubrimiento y generarás crecimiento con contenido que ya tienes, sin depender siempre de crear más.

Experiencia de página

Por qué importa: La forma en que una página carga, se comporta y responde afecta todo: desde el posicionamiento hasta las conversiones. Los motores de búsqueda premian páginas rápidas, estables y adaptadas a móvil… y los usuarios también. La experiencia de página es donde rendimiento, diseño y usabilidad se conectan directamente con los resultados de negocio.

Equipo responsable: Líder de Front-End
Colaboradores clave: Líder de SEO, UX, Desarrollo Web, Diseño

Decisiones y asignación de recursos:

- Aprobar presupuestos de rendimiento y objetivos de tiempo de carga durante el diseño y desarrollo de páginas.
- Financiar correcciones para saltos de layout (estructura visual de la página), interacciones lentas y problemas de usabilidad en móvil.
- Respaldar el monitoreo continuo de Core Web Vitals y señales de UX después del lanzamiento.

Problemas comunes:

- Páginas lentas que provocan rebote antes de que el usuario vea el contenido.
- Saltos de diseño que vuelven frustrante el uso de formularios, botones o menús.
- Páginas que "funcionan" técnicamente, pero no cumplen con los umbrales de experiencia de página de Google.
- Esfuerzos de SEO debilitados por plantillas lentas, scripts pesados o recursos sin optimizar.

Estrategia para alinearte con tu equipo de SEO:
La experiencia de página no se trata solo de velocidad, sino de percepción. Colabora con tus equipos de SEO y

Front-End para asegurarte de que cada página cumpla tanto con los estándares técnicos (como Core Web Vitals) como con las expectativas humanas. Identifica tus plantillas de mayor valor, inicio, producto, generación de clientes potenciales y prioriza las mejoras ahí. Tu equipo de SEO puede ayudar a monitorear el rendimiento real con datos de campo y a alinear los esfuerzos de optimización con las métricas que más importan para visibilidad e interacción.

Resultado de negocio:
Páginas más rápidas y estables mejoran los rankings, reducen las tasas de rebote y aumentan las conversiones. Optimizar la experiencia de página refuerza tanto la visibilidad en búsqueda como la satisfacción del usuario, haciendo que cada clic tenga mayor probabilidad de convertirse en acción. No se trata solo de cumplir un estándar técnico, sino de ganar atención y confianza desde el momento en que la página empieza a cargar.

Aseguramiento de calidad

Por qué importa: Incluso errores pequeños —enlaces rotos, etiquetas faltantes, redirecciones incorrectas— pueden erosionar silenciosamente tu rendimiento en búsqueda. El Aseguramiento de Calidad (QA) garantiza que lo que se publica sea estructuralmente sólido, descubrible y libre de problemas que afecten la visibilidad, la confianza del usuario o la salud técnica del sitio.

Equipo responsable: Líder de Desarrollo Web
Colaboradores clave: Líder de SEO, QA/Ingeniería de Pruebas, Contenido

Decisiones y asignación de recursos:

- Aprobar revisiones de SEO *antes* del lanzamiento como parte del proceso estándar de publicación.
- Financiar herramientas o automatización para detectar problemas técnicos y estructurales de forma temprana.
- Asegurar la responsabilidad sobre las correcciones posteriores al lanzamiento cuando los problemas de calidad impactan el rendimiento.

Problemas comunes:

- Páginas que salen a producción con enlaces internos rotos, errores de redirección o metadatos incompletos.
- Cambios en la navegación o en las plantillas que eliminan sin querer elementos clave de SEO.
- Auditorías de SEO que detectan problemas… pero sin un flujo de trabajo definido para resolverlos.
- Control de calidad que depende de personas específicas, no de sistemas.

Estrategia para alinearte con tu equipo de SEO:
Integra el SEO dentro de QA, no después. Define una lista corta de revisiones obligatorias para cualquier lanzamiento de página o funcionalidad: títulos y meta tags, estructura de encabezados, etiquetas canónicas, texto ALT, enlaces internos y códigos de estado correctos. Tu equipo de SEO puede proporcionar la lista de verificación y señalar los defectos críticos. Trata los errores de SEO igual que una funcionalidad rota: pueden afectar tráfico, ingresos y percepción de marca en la

misma medida. Combina revisión manual con herramientas automatizadas para escalar el proceso.

Resultado de negocio:
Cuando el QA de SEO está integrado en tu proceso de publicación, el rendimiento se vuelve más predecible y menos reactivo. Evitas pérdidas que se podían prevenir, reduces el costo de las correcciones y proteges tu inversión en contenido y desarrollo. Las páginas de alta calidad no solo están bien escritas: también son estructuralmente sólidas y están diseñadas para rendir.

Implementación de herramientas de SEO

Por qué importa: Las herramientas de SEO son la forma en que los equipos detectan problemas, identifican oportunidades y miden el rendimiento a escala. Sin las herramientas adecuadas y bien configuradas, los equipos dependen de suposiciones o descubren los problemas solo después de que cae el tráfico. La correcta implementación de herramientas convierte el SEO en un sistema medible y repetible.

Equipo responsable: Líder de SEO
Colaboradores clave: Analítica, Desarrollo Web, IT/Seguridad

Decisiones y asignación de recursos:

- Aprobar accesos y licencias para herramientas que apoyan el rastreo, las auditorías y el monitoreo de rendimiento.
- Asegurar que las herramientas se integren en los flujos de trabajo, y no queden aisladas.
- Respaldar el tiempo y la responsabilidad necesarios para actuar sobre lo que las herramientas revelan.

Problemas comunes:

- Las herramientas están instaladas, pero no configuradas de acuerdo con la estructura del sitio o sus objetivos.
- Se generan hallazgos, pero nunca llegan a los equipos correctos para tomar acción.
- Varias herramientas reportan datos contradictorios sin una "fuente de verdad" definida.
- Los equipos dependen de revisiones manuales que pasan por alto problemas sistémicos.

Estrategia para alinearte con tu equipo de SEO:
Trata las herramientas como parte de tu infraestructura de SEO, no como un plugin opcional. Pide a tu equipo de SEO que identifique qué herramientas son críticas y si la configuración actual refleja todo el alcance de tu sitio (dominios, subdominios, páginas dinámicas). Prioriza herramientas que automaticen auditorías técnicas, revisiones de contenido y seguimiento de palabras clave, y construye flujos de trabajo que conecten los hallazgos con acciones concretas. Una herramienta que detecta problemas solo es valiosa si existe un proceso para resolverlos.

Resultado de negocio:
Con las herramientas de SEO correctamente implementadas, tu equipo puede detectar problemas antes de que se conviertan en pérdidas, medir el impacto de los cambios y mejorar continuamente el rendimiento del sitio. La habilitación de herramientas crea consistencia, ahorra tiempo y potencia un crecimiento basado en datos tanto en los equipos técnicos como de contenido.

Redes sociales y contenido compartido

Por qué importa: Aunque las señales sociales no son factores de ranking directos, amplifican el alcance del contenido, construyen reconocimiento de marca e influyen en cómo se percibe y se enlaza tu contenido en la web. Además, el uso compartido impacta cómo se muestran tus páginas cuando alguien comparte el enlace en plataformas sociales, lo que afecta la interacción, la credibilidad y la tasa de clics.

Equipo responsable: Líder de Redes Sociales
Colaboradores clave: Líder de SEO, Contenido, PR/Comunicación, Diseño

Decisiones y asignación de recursos:

- Aprobar una estrategia de marca clara sobre cómo se distribuye el contenido en las distintas plataformas sociales.
- Asegurar que todo el contenido público sea compatible con vistas previas correctas y fácil de compartir.
- Respaldar un esfuerzo coordinado entre los equipos de SEO y redes sociales durante los lanzamientos de contenido.

Problemas comunes:

- Páginas sin metadatos para vistas previas sociales (como Open Graph o Twitter Cards).
- Vistas previas rotas o sin branding, que reducen la confianza y la interacción.
- Contenido de alto valor publicado en el sitio pero nunca amplificado en redes sociales.

- Falta de seguimiento o análisis sobre cómo el contenido compartido rinde en búsqueda o en tráfico de referencia.

Estrategia para alinearte con tu equipo de SEO:
La visibilidad social empieza por la preparación técnica. Asegúrate de que las páginas clave y el contenido del blog incluyan los metadatos adecuados para que, al compartirse, muestren buenos titulares, imágenes y descripciones. Colabora entre equipos para identificar **contenido evergreen** (perenne) o de alto rendimiento que valga la pena recircular. Tu equipo de SEO puede ayudar a detectar estas oportunidades y a garantizar que todo lanzamiento de contenido incluya una capa de promoción en redes. Compartir en redes no solo genera clics: construye reconocimiento y relevancia con el tiempo.

Tool tip: Contenido evergreen (perenne)
Contenido que se mantiene vigente a lo largo del tiempo porque aborda temas fundamentales y no depende de noticias o tendencias pasajeras. Incluye guías prácticas, definiciones, páginas pilar y secciones de preguntas frecuentes que siguen atrayendo tráfico calificado meses o años después de publicarse.

Resultado de negocio:
Con vistas previas optimizadas y una amplificación coordinada, tu contenido obtiene mayor alcance, más enlaces y más interacción con la marca. Esto fortalece tu huella digital, incrementa el tráfico de referencia y respalda el rendimiento de SEO a largo plazo, especialmente en piezas de liderazgo de opinión, lanzamientos de producto y contenido dirigido a

audiencias locales. Compartir no es solo marketing: es generar impulso.

Datos estructurados

Por qué importa: Los datos estructurados ayudan a los motores de búsqueda y cada vez más, a los sistemas de IA, a entender qué significa tu contenido, no solo qué dice. Son la base de resultados enriquecidos, mejoran la clasificación de contenido y aseguran que tus páginas sean elegibles para funciones avanzadas como FAQs, listados de productos, eventos y más. En un entorno de búsqueda impulsado por IA, los datos estructurados son esenciales.

Equipo responsable: Líder de SEO
Colaboradores clave: Desarrollo Web, Contenido, Legal

Decisiones y asignación de recursos:

- Aprobar el uso de marcado *schema* para los tipos de contenido clave (productos, servicios, ubicaciones, artículos).
- Asegurar que los datos estructurados estén alineados con el contenido visible en la página y se actualicen con regularidad.
- Respaldar pruebas y validaciones antes de publicar.

Problemas comunes:

- Ausencia de marcado *schema* en páginas de alto valor.
- Datos estructurados incompletos, desactualizados o técnicamente inválidos.

- Páginas marcadas de formas que no coinciden con el contenido visible, lo que provoca advertencias o penalizaciones.
- Equipos que pasan por alto nuevas oportunidades en IA y motores de búsqueda que dependen de contexto estructurado.

Estrategia para alinearte con tu equipo de SEO: Convierte los datos estructurados en parte de tu estándar de publicación. Tu equipo de SEO puede definir qué tipos de *schema* encajan mejor con tu sitio y ayudar a implementar marcado que describa el contenido con claridad: qué es, quién lo creó, dónde aplica y por qué importa. A medida que los motores de IA dependen cada vez más de información estructurada para generar respuestas, resúmenes y vistas previas, el *schema* se vuelve un insumo clave para cómo se representa tu marca más allá de tu sitio web.

Resultado de negocio: Los datos estructurados aumentan la precisión y la visibilidad de tu contenido tanto en la búsqueda tradicional como en la búsqueda impulsada por IA. Desbloquean listados enriquecidos, mejoran la segmentación del contenido y hacen que tus páginas sean más fáciles de entender, indexar y destacar, ya sea por un motor de búsqueda, un chatbot o un asistente digital. No es solo para SEO: es para el futuro del descubrimiento de contenido.

Arquitectura de URLs

Por qué importa: La estructura de tus URLs define cómo se organiza, se descubre y se entiende el contenido, tanto para los usuarios como para los motores de búsqueda. Una arquitectura de URLs limpia y coherente mejora el rastreo, reduce la duplicación y hace que el SEO sea más escalable entre equipos y plataformas.

Equipo responsable: Líder de Desarrollo Web
Colaboradores clave: Líder de SEO, Producto, Contenido

Decisiones y asignación de recursos:

- Aprobar convenciones de nombrado de URLs y hacerlas cumplir en el CMS y en los sistemas de producto.
- Respaldar políticas de redirección y cambios de URL asociados a cambios de marca, lanzamientos o migraciones.
- Financiar actualizaciones que limpien estructuras heredadas o fragmentadas.

Problemas comunes:

- Slugs mal formateados (mayúsculas, espacios, guiones bajos, caracteres especiales) o URLs autogeneradas que reducen la claridad y dificultan la indexación.
- URLs llenas de parámetros o navegación facetada que crean rutas de rastreo "infinitas".
- Cambios mal planificados que rompen enlaces, dejan páginas huérfanas o generan pérdida de tráfico.
- Secciones clave enterradas demasiado profundo en la estructura como para ser priorizadas en búsqueda.

Estrategia para alinearte con tu equipo de SEO:
Trata las URLs como direcciones permanentes. Trabaja

con tu equipo de SEO para definir reglas de estructura: minúsculas, separadas por guiones, cortas e intencionales. Asegura que el nombrado se alinee con la forma en que los usuarios buscan y con cómo los motores de búsqueda agrupan la relevancia (por ejemplo, /servicios/consultoria en lugar de /page?id=32). En sitios grandes, planifica y prueba con cuidado las estrategias de redirección. Un sistema de URLs bien estructurado favorece una navegación limpia, una indexación más rápida y un enlazado interno más sólido, todo lo cual impacta directamente la visibilidad y el crecimiento.

Resultado de negocio:
Una arquitectura de URLs clara y consistente fortalece la base de tu sitio. Permite escalar contenido nuevo sin caos, hace que las páginas clave sean más fáciles de encontrar y posicionar, y reduce los costos de mantenimiento a largo plazo. Cuando las URLs se tratan de forma estratégica, no solo técnica, se convierten en una de las palancas más simples y efectivas para un SEO sostenible.

Sitemaps XML

Por qué importa: Los sitemaps XML funcionan como un mapa de ruta para los motores de búsqueda, guiándolos hacia tu contenido más importante. Aunque no garantizan la indexación, mejoran las probabilidades de que las páginas de alto valor se descubran de forma rápida y consistente, especialmente en sitios grandes o complejos.

Equipo responsable: Líder de Desarrollo Web
Colaboradores clave: Líder de SEO, Analítica

Decisiones y asignación de recursos:

- Aprobar estándares de generación de sitemaps que reflejen la estrategia de contenido, no solo la salida técnica.
- Asegurar que las actualizaciones de tipos de contenido clave (productos, ubicaciones, entradas de blog, etc.) se reflejen en el sitemap en tiempo real.
- Respaldar el envío y monitoreo de sitemaps a través de Google Search Console y otras herramientas.

Problemas comunes:

- Páginas importantes que no aparecen en el sitemap, o páginas de bajo valor incluidas por defecto.
- Sitemaps desactualizados que no reflejan contenido nuevo, URLs retiradas o cambios de estructura.
- Sitemaps específicos (para imágenes, videos, etc.) no implementados o no enviados.
- Errores en el sitemap detectados pero no resueltos, lo que reduce la eficiencia del rastreo.

Estrategia para alinearte con tu equipo de SEO:
Haz que la gestión de sitemaps forme parte de tu sistema de publicación, no un añadido de último minuto. Tu equipo de SEO puede ayudar a definir qué tipos de contenido deben incluirse en el sitemap y cuáles deben excluirse. Trabaja con desarrollo para asegurar que la automatización respete esas reglas, especialmente en sitios dinámicos. Envía y valida los sitemaps de forma

regular en Search Console y trata los errores o vacíos de cobertura como problemas prioritarios. Un sitemap no es solo un archivo: es una señal de qué es lo más importante en tu sitio.

Resultado de negocio:
Los sitemaps XML bien estructurados y actualizados ayudan a los motores de búsqueda a encontrar más rápido tus páginas más importantes, especialmente después de lanzamientos o grandes actualizaciones. Esto acelera el descubrimiento, mejora la cobertura de indexación y aumenta el retorno de tus inversiones en contenido al reducir el riesgo de que tus mejores páginas pasen desapercibidas.

Aprendizajes clave — Parte I: IA y el nuevo panorama del SEO

- **El SEO no ha muerto, se ha diversificado.** Los motores de IA ahora sintetizan respuestas y recompensan la estructura clara, la autoridad y el marcado legible por máquinas. Si las máquinas no pueden leerte, eres invisible, incluso si "posicionas".

- **GEO, AIO y AEO son temas de liderazgo.** Trata la optimización para motores generativos/de IA/de respuestas como el nuevo marco de visibilidad: estructura tu contenido para que pueda ser citado y resumido usando schema, señales de autoría y patrones de preguntas y respuestas.

- **La estructura gana sobre los eslóganes.** Las mejoras silenciosas y de sistema en schema y arquitectura se acumulan porque aclaran el significado tanto para usuarios como para máquinas.

- **Las actualizaciones de algoritmo son actualizaciones de negocio.** Observa primero, no entres en pánico. Si los fundamentos son sólidos, mantente; actúa cuando las brechas persistan más de ~30 días o cuando los competidores se disparen. Refuerza E-E-A-T donde la confianza es crítica.

- **E-E-A-T es operativo, no cosmético.** Autores reales, credenciales y fuentes elevan las señales de confianza que influyen en si apareces o eres citado. Haz que las páginas de autor formen parte de la base mínima.

- **El SEO es un sistema, no un área aislada (silo).** Los resultados provienen de cinco pilares interdependientes, técnico, contenido, UX, autoridad y datos, implementados con control de calidad entre equipos.

- **El control de calidad evita pérdidas silenciosas.** Los fallos más comunes: páginas enterradas o bloqueadas, medios pesados sin optimizar, falta de schema, blogs superficiales, enlazado interno débil y ausencia de QA de SEO en el momento de publicación.

Próximos pasos para líderes y dueños de negocio

- **Define expectativas por fase.** Pide a tu equipo que reporte el progreso en esta secuencia: impresiones, clics y conversiones. Los primeros logros muestran visibilidad (impresiones), luego interacción (clics) y, por último, resultados medibles (clientes potenciales o ventas).

- **Alinea el contenido con los objetivos de negocio.** Aprueba temas vinculados a productos, mercados o temporadas específicas. Exige una línea de "por qué importa" para cada página importante y pregunta qué objetivo de negocio respalda.

- **Financia plantillas, no piezas aisladas.** Indica a tu equipo que optimice las plantillas de página — producto, artículo, ubicación— para que las mejoras escalen en todo el sitio. Pregunta qué plantillas, una vez corregidas, impulsarán el mayor número de páginas.

- **Insiste en la legibilidad para máquinas.** Exige títulos únicos, un solo H1, encabezados claros, enlaces internos y datos estructurados en cada página. Pregunta si las máquinas pueden identificar fácilmente de qué trata la página y por qué es confiable.

- **Haz que las respuestas sean citables.** Asegúrate de que las páginas prioritarias incluyan respuestas breves y directas a las preguntas más comunes. Pregunta qué frase o sección clave citaría probablemente un motor de IA al resumir tu página.

- **Reduce la fricción con una gobernanza simple.** Aprueba una lista de verificación breve para cada lanzamiento: título, meta descripción, etiqueta canónica, schema válido y enlaces internos.

Pregunta qué salvaguardas evitan que una página se publique sin estos elementos esenciales.

- **Coordina con medios pagados.** Solicita una visión clara de dónde las campañas pagadas se superponen con la visibilidad orgánica y dónde cubren vacíos. Reinvierte esa superposición en oportunidades de alto valor sin marca que amplíen el alcance.

- **Mantén una cadencia que realmente produzca entregables.** Haz que las reuniones de revisión sean cortas y se centren en tres puntos: el impacto del mes pasado, lo que se publica este mes y los riesgos o dependencias actuales. Cierra siempre con próximos pasos claros, responsables asignados y fechas.

PARTE II: El SEO como activo de negocio

8. Crecimiento orgánico: escalar sin gastar en anuncios

La mayoría de las empresas se apoyan en medios pagados porque son rápidos y medibles; pero en el momento en que se detiene el presupuesto, también se detiene el tráfico. El SEO funciona de forma distinta. Toma más tiempo construirlo, pero una vez que está en marcha se convierte en el motor de crecimiento más rentable de tu mezcla de marketing.

A diferencia de lo pagado, la búsqueda orgánica se compone. Cada mejora, técnica, estructural o de contenido, fortalece todo el sistema. No estás comprando clics; estás construyendo capacidad de descubrimiento.

Aun así, muchos líderes tratan el SEO como una varita mágica, algo que puede arreglar la visibilidad rápidamente. Otros asumen que es gratuito porque no hay un costo por clic. Pero el SEO no es ni rápido ni gratis. Requiere tiempo, alineación entre áreas y ejecución experta en contenido, desarrollo, diseño y analítica. **Normalmente toma entre seis y doce meses ver resultados constantes y significativos.**

Y cuando parece que el SEO "no está funcionando", muchas veces no es la estrategia lo que está roto. Es la medición, la ejecución o la interferencia de otros canales.

SEO vs. medios pagados: largo plazo vs. corto plazo

Los medios pagados son rápidos y controlables. Defines un presupuesto, lanzas un anuncio y el tráfico llega... hasta que el presupuesto se acaba. Es una herramienta poderosa para lanzamientos, promociones y pruebas de mensajes. Pero los medios pagados son un alquiler: no eres dueño de esa visibilidad. En el momento en que dejas de pagar, tu presencia desaparece.

El SEO es más lento al inicio porque estás construyendo activos: páginas con un propósito claro, enlazado interno inteligente, datos estructurados, medios optimizados y una huella de reputación en toda la web. Una vez que esos activos están en su lugar, tu costo por adquisición empieza a bajar y tu impulso crece.

Un artículo bien optimizado puede posicionar para decenas de consultas. Un hub bien estructurado puede respaldar decenas de páginas de producto. Un video correctamente marcado puede aparecer en tu sitio, en los resultados de búsqueda y dentro de motores de IA. Ese es el efecto compuesto en acción.

Tool tip: *Efecto compuesto*
En SEO, el efecto compuesto significa que cada mejora (estructura del sitio, contenido, enlaces internos, rendimiento, credibilidad) aumenta la eficacia de las demás. El impacto acumulado es mayor que cualquier cambio aislado.

Esta es la división pragmática que recomiendo:

- Usa medios pagados para generar visibilidad inmediata desde el día uno.

- Usa SEO para reducir tu dependencia de lo pagado hacia el día cien.

Los presupuestos más sostenibles tratan los medios pagados como un acelerador y una red de seguridad, no como sustituto del crecimiento orgánico. Si año tras año lo pagado es tu principal motor de descubrimiento, no estás invirtiendo en crecimiento: estás rentando una visibilidad que desaparece cuando se acaba el presupuesto.

Tool tip: *Sombra oscura de los medios pagados*
Las campañas pagadas pueden ocultar una estrategia orgánica débil porque el tráfico parece sólido mientras el costo por adquisición aumenta silenciosamente. Cuando el presupuesto se ajusta, la sombra se levanta y se revela la brecha en el rendimiento orgánico.

El costo oculto de competir contigo mismo: SEO vs. medios pagados

Lo he visto de primera mano. En uno de nuestros proyectos más recientes, mejoramos la estructura técnica, optimizamos el contenido y ampliamos nuestra huella orgánica. Como resultado, la visibilidad creció de 23.2 millones a 39.6 millones de impresiones.

Pero los clics no siguieron el mismo camino. De hecho, bajaron: de 267,000 a 242,000.

Para entender qué estaba pasando, hicimos una prueba de *Dark Week*, reduciendo temporalmente la inversión en búsqueda pagada. Los resultados fueron claros: los medios pagados estaban interceptando aproximadamente el 65% de nuestro tráfico orgánico de marca.

¿Qué significa los medios pagados estaban interceptando el tráfico orgánico?

Cuando alguien busca el nombre de tu empresa o un producto de marca, los anuncios pagados suelen aparecer primero, etiquetados como "Sponsored". Tu resultado orgánico quizá siga en la primera posición, pero se empuja hacia abajo y el clic se va al anuncio. Es un clic que probablemente habrías obtenido sin pagar por él.

El presupuesto de medios pagados había crecido a 210,000 dólares al mes, pero una gran parte de ese gasto se estaba usando para competir contra nuestros propios listados orgánicos. No estábamos ganando visibilidad nueva: estábamos pagando por interceptarnos a nosotros mismos.

Tool tip: *Interceptar tráfico*
La interceptación ocurre cuando los anuncios pagados aparecen por encima de tus resultados orgánicos, especialmente en búsquedas de marca y capturan clics que habrías recibido de forma orgánica. Esto infla artificialmente el rendimiento de los medios pagados y oculta la verdadera contribución del SEO.

No se trata de pagado vs. orgánico. Se trata de alineación. Cuando los equipos trabajan en silos, se desperdician presupuestos y se pierden conclusiones claves. Pero cuando pagado, SEO, contenido y analítica se coordinan, la empresa puede identificar solapamientos invisibles, optimizar el gasto y crecer con más eficiencia.

Este fue un ejemplo claro de lo que sucede cuando el SEO se trata como un sistema y no como un departamento. Al educar a los interesados y colaborar con equipos que no sabían que impactaban directamente el rendimiento orgánico, identificamos más de 136,000 dólares en ahorros mensuales, sin reducir tráfico ni sacrificar resultados.

Ese es el verdadero ROI (*Return On Investment*, Retorno de la inversión) del liderazgo en SEO: construir conciencia transversal que impulse decisiones más inteligentes en todo el ecosistema de marketing.

El retorno invisible que los ejecutivos pasan por alto

El rendimiento orgánico rara vez se presenta como un pico dramático único. Se manifiesta en:

- Un costo de adquisición combinado más bajo a lo largo de trimestres, no semanas.
- Tasas de conversión más altas de visitantes que llegaron por búsquedas de "problema" o "solución".
- Mejor desempeño de todos los otros canales (email, redes sociales, tráfico directo) porque los usuarios te conocieron primero por búsqueda y luego regresan.
- Crecimiento de la demanda de búsqueda no de marca para tus soluciones y categorías.

Tool tip: *Términos de búsqueda sin marca (non-branded search)*
Son consultas que no incluyen el nombre de tu empresa o producto (por ejemplo, "mejor software de nómina para contratistas"). El crecimiento en este tipo de búsquedas es la señal más clara de que estás ganando descubrimiento, no solo defendiendo tu marca.

Estos retornos se acumulan a lo largo de muchos puntos de contacto, por eso es fácil no verlos si tus reportes solo muestran conversiones de último clic o se enfocan en variaciones semanales. Los líderes ven el panel de la plataforma de anuncios y sienten que tienen control. Lo que no ven son los cientos de caminos de baja fricción y alta intención que crea lo orgánico: artículos de ayuda, páginas comparativas, landing pages locales, guías de compra, términos de glosario y secciones de preguntas frecuentes, todos trabajando en conjunto.

Dos señales prácticas que pido a liderazgo monitorear:

1. **Aporte del tráfico orgánico a las conversiones**
   Aun cuando lo orgánico no sea el último clic, con frecuencia es quien inicia la relación. Si ocultas estas asistencias, terminarás subfinanciando el sistema que abrió la puerta.

2. **Share of voice para términos no de marca**
   Elige un conjunto manejable de palabras clave de categoría y monitorea con qué frecuencia tus páginas aparecen y obtienen clics. Es una métrica direccional de "cuota de atención de mercado" en búsqueda.

Tool tip: *share of voice (cuota de visibilidad en búsqueda)*
Métrica direccional que estima cuánta visibilidad obtiene tu sitio para un conjunto específico de palabras clave estratégicas. No es una lista de posiciones individuales, sino una vista agregada de tu presencia en el mercado para ese segmento de búsqueda.

Por qué el SEO no es "gratis", pero escala mejor que cualquier otro canal

No le pagas a una plataforma por cada clic, pero sí inviertes para ganarlo. El "tráfico gratis" es un mito que solo sirve para crear expectativas irreales. En la práctica, la inversión se ve así:

- **Estrategia y estructura.** Definir los temas correctos y alinearlos con la intención de búsqueda; construir arquitecturas con páginas pilar y contenido de apoyo; y asegurarse de que la navegación y los enlaces internos tengan sentido tanto para las personas como para las máquinas.

- **Contenido que responde preguntas reales.** No se trata solo de publicar blogs, sino de crear páginas para la fase de decisión, material educativo sobre tus productos, comparativas y contenido con relevancia local que conecte con la forma en que la gente busca.

- **Condición técnica.** Rastreo, indexación, rendimiento de página, datos estructurados y manejo adecuado de medios (imágenes y video) para que los motores de búsqueda puedan interpretar y presentar tu información con confianza.

- **Señales de credibilidad.** Reseñas, referencias, firmas de autor, menciones en medios y recursos externos útiles. Se trata de demostrar experiencia y confianza, no de "jugar" con los enlaces.

- **Preparación para convertir.** Titulares, llamados a la acción, formularios y flujos de página que lleven al usuario al siguiente paso. El tráfico sin acción no es un activo: es un costo.

Cuando estas piezas están bien armadas, los números mejoran trimestre tras trimestre:

- **El costo marginal por cada clic adicional baja.** Una buena página puede posicionar para muchas consultas relacionadas; cada nueva búsqueda que capturas suma tráfico sin un gasto proporcional.

- **El contenido se convierte en medio propio.** Las actualizaciones y mejoras se acumulan sobre el trabajo previo, en lugar de empezar desde cero cada vez.

- **Se potencia el resto de los canales.** Las personas que te descubrieron primero por búsqueda regresan por tráfico directo o email, sin que tengas que pagar de nuevo por traerlas de vuelta.

Compáralo con la publicidad pagada: en los anuncios, cada clic tiene un costo mínimo, definido por la subasta. Si tu página convierte menos o más competidores empiezan a ofrecer más por esas mismas palabras clave, el costo por conseguir un cliente nuevo sube de inmediato.

En orgánico, tu "piso" es la inversión que ya hiciste; el "techo" lo marca qué tan bien sigues mejorando el sistema.

Un modelo práctico de crecimiento: cómo deben evolucionar juntos SEO y medios pagados

En vez de pensar en "canales", piensa en **fases**, porque SEO y medios pagados no compiten entre sí: juegan papeles distintos en momentos distintos. Así es como las organizaciones más efectivas manejan ese balance:

Fase 1 (0–3 meses): Generar tráfico inmediato mientras construyes la base de SEO

- Lanza campañas pagadas para ganar visibilidad rápida y probar mensajes clave.
- Al mismo tiempo, corrige problemas técnicos, define tu estrategia de palabras clave y mejora la estructura y navegación del sitio.
- Empieza a crear o mejorar los activos críticos de contenido: páginas de producto, servicios y landing pages de alta prioridad.

Fase 2 (3–9 meses): Publicar los activos centrales de SEO y monitorear resultados

- Publica el contenido "pilar": categoría, guías, FAQs y páginas clave para la etapa de decisión.
- Optimiza imágenes, enlaces internos y datos estructurados para que los motores de búsqueda puedan entender y destacar tu contenido por completo.
- Comienza a seguir cómo mejoran la visibilidad orgánica y las conversiones en búsquedas de marca y en búsquedas de alta intención.

Fase 3 (9–18 meses): Ampliar el contenido y pulir el camino de conversión

- Escala tu estrategia de contenido con posts de apoyo, recursos educativos, páginas comparativas y contenido específico por región.
- Empieza a refinar llamados a la acción, diseños de página y formularios para elevar la tasa de conversión del tráfico orgánico.
- Usa los medios pagados de forma más estratégica: céntrate en promociones, términos muy competidos o audiencias con alta probabilidad de convertir.

Fase 4 (18+ meses): Optimizar, expandir y reducir la dependencia de lo pagado

- Reinvertir en nuevas oportunidades orgánicas: categorías adicionales, nuevos formatos de contenido (por ejemplo, video) y nuevas geografías.
- Seguir mejorando velocidad del sitio, marcado con schema y experiencia de usuario para exprimir al máximo el rendimiento en búsqueda.
- Hacer que el gasto pagado sea más eficiente: enfocado en lanzamientos de producto, remarketing o brechas puntuales, no en sostener la visibilidad básica.

Esto no es teoría; así se ve, en la práctica, un crecimiento escalable y defendible. Cada trimestre agregas activos. Cada activo reduce costos futuros. Cada mejora fortalece al resto del sistema.

Lo que líderes debería preguntar sobre SEO y medios pagados

Los ejecutivos no necesitan dominar SEO ni búsqueda pagada para liderar bien. Pero sí necesitan hacer las preguntas correctas y saber cómo se ve una buena respuesta. Las preguntas de abajo ayudan a detectar ineficiencias de presupuesto, conflictos entre canales y oportunidades de crecimiento que suelen quedar ocultas detrás de tableros por separado.

Esto es lo que la dirección debería preguntar, y lo que debería esperar recibir a cambio.

1. ¿Estamos pagando anuncios en palabras clave donde ya tenemos buen posicionamiento orgánico?

Qué deberías esperar:
Un desglose claro de dónde las campañas pagadas se superponen con los resultados orgánicos, especialmente cuando ya estamos en posiciones 1–3. El equipo debería señalar en qué casos esos anuncios están interceptando tráfico que de forma natural llegaría por orgánico (clics que ya estábamos ganando) y cuándo sí son necesarios, por ejemplo, para defender espacio frente a competidores o probar nuevos mensajes. La clave es distinguir entre anuncios que amplían visibilidad y los que solo duplican clics y elevan el costo sin generar demanda nueva.

2. ¿Cómo estamos usando los medios pagados para cubrir brechas que el SEO todavía no alcanza?

Qué deberías esperar:
Una explicación estratégica de cómo las campañas pagadas están complementando, no duplicando, el trabajo orgánico. La dirección debería ver que lo pagado

se usa para apoyar lanzamientos tempranos, promociones con fecha límite o palabras clave muy competidas donde el SEO aún está en fase de construcción. La idea es que cada canal tenga un rol definido y se apoyen entre sí en la etapa de descubrimiento.

3. Si los términos de marca son terreno "ganable" para SEO, ¿cómo puede ayudarnos lo pagado con palabras clave sin marca, pero altamente relevantes?

Qué deberías esperar:

Una respuesta clara sobre cómo las campañas pagadas están ayudando a que la marca aparezca frente a usuarios que buscan soluciones, categorías o servicios, pero que todavía no conocen a la empresa por su nombre. Lo pagado debería estar ampliando el alcance mientras el SEO gana terreno de forma orgánica con el tiempo.

4. ¿Dónde podríamos reducir inversión en medios pagados sin perder tráfico ni clientes potenciales?

Qué deberías esperar:

Escenarios concretos, basados en datos, donde el SEO ya cubre bien términos o páginas clave. El equipo debería proponer pruebas controladas, por ejemplo, dark weeks o reducir la inversión en ciertos términos, para demostrar que bajar el gasto en esas áreas no afecta el desempeño general y, de hecho, puede mejorar el retorno de la inversión.

5. Cuando mejora el rendimiento orgánico, ¿ajustamos nuestra estrategia pagada en consecuencia?

Qué deberías esperar:
Un proceso real, no solo una intención. El equipo debería mostrar que, cuando el SEO gana tracción, las campañas pagadas se revisan y recalibran: reducir la inversión en términos donde ya hay buena cobertura orgánica, mover presupuesto hacia búsquedas más competitivas o reasignar parte del gasto a campañas de reconocimiento de marca.

Si no se hacen ajustes cuando lo orgánico mejora, es muy probable que estés pagando de más por clics que solo interceptan tráfico que ya habrías obtenido de forma orgánica.

9. CRO: Convertir tráfico en ingresos

Llegar a la parte alta de Google es solo la mitad de la batalla. Puedes recibir miles de visitas al día, pero si esas personas no hacen nada, no llaman, no hacen clic, no se registran, no compran— tu SEO no está generando negocio. Solo está generando ruido.

Por eso la Optimización de la Tasa de Conversión (Conversion Rate Optimization, CRO) no es opcional. No es una disciplina aparte: es la otra mitad del SEO, la parte que convierte visibilidad en resultados.

Y, aun así, la mayoría de las empresas ni siquiera ha escuchado el término "especialista en SEO y CRO". Casi nunca aparece como puesto formal, rara vez es una contratación dedicada y con frecuencia está ausente de las conversaciones de estrategia. Ahí hay una brecha clara: cuando nadie se hace responsable del lado de la conversión, el tráfico crece, pero el rendimiento se estanca.

Veamos qué significa realmente CRO, cómo influye en el posicionamiento y por qué el plan de conversión debe formar parte de toda estrategia de SEO—no solo llegar después, cuando la página ya está publicada.

Por qué el CRO debe vivir dentro de tu estrategia de SEO

La mayoría de las estrategias de SEO se concentran en llevar usuarios a la página. Rankings, impresiones y clics se miden como señales de avance. Pero en términos de negocio, esas métricas solo cuentan una parte de la historia. La visibilidad por sí sola no crea valor; lo crea la acción.

Ahí es donde entra la Optimización de la Tasa de Conversión (CRO), no como función separada, sino como una capa esencial dentro de la propia estrategia de SEO.

Cada búsqueda empieza con una pregunta, un problema o una necesidad. Cuando tu estrategia de SEO funciona, conecta con esa intención y gana el clic. Pero si la persona llega a la página y no sabe qué hacer después —si el diseño confunde, el mensaje no es claro o el llamado a la acción está escondido— la oportunidad se pierde.

Este es un punto ciego muy común. Las empresas invierten fuerte en contenido, palabras clave y posicionamiento, pero descuidan la experiencia en la página. Asumen que una vez que el tráfico llega, el trabajo está hecho. En realidad, ahí es donde empieza el rendimiento de verdad.

Una página que posiciona pero no convierte no es un caso de éxito. Es un trabajo a medias.

Y peor aún: ese bajo desempeño no solo afecta tus métricas de negocio, también puede dañar tu visibilidad en búsqueda. Google cada vez presta más atención a cómo interactúan los usuarios con tu contenido. Si la gente hace clic en tu página y vuelve rápidamente a los resultados, se envía una señal: este contenido no resolvió la intención. Con el tiempo, eso puede hacer que pierdas posiciones, incluso si tu SEO técnico está bien.

Por eso el CRO no es "lo que viene después del SEO". No es algo que se prueba al final. Es una disciplina estratégica que debe integrarse desde el inicio: cuando defines la estructura de la página, su propósito, el texto y la acción que quieres que el usuario tome.

Sin embargo, la mayoría de las organizaciones no tiene un rol claro ni un responsable para este trabajo. La figura del especialista en SEO y CRO, alguien que se asegura de que el tráfico orgánico se traduzca en resultados medibles, todavía suena extraña en muchas empresas. No aparece en los organigramas, pero el rol ya existe en la práctica: suele ser alguien de marketing, UX, contenido o SEO que ve la brecha y, en silencio, intenta cerrarla.

Las empresas que mejor se desempeñan en búsqueda orgánica no solo optimizan palabras clave. Optimizan lo que pasa después del clic. Tratan el CRO como una parte integrada del sistema de SEO, no como algo que se revisa al final.

Ese cambio de mentalidad es lo que convierte tráfico en resultados.

Qué determina las conversiones más allá de las palabras clave

El ranking en buscadores trae a la gente. Lo que pasa después determina si esa visibilidad se traduce o no en resultados de negocio.

Seguramente ya lo has vivido: buscas una solución — cómo resolver un error de inicio de sesión, el mejor software de contabilidad para pequeños negocios, salones para boda cerca de mí, o cómo empezar ayuno intermitente. Encuentras un resultado que parece prometedor, haces clic... y aterrizas en una página que parece diseñada para frustrarte.

El contenido que te prometieron está enterrado bajo pop-ups, banners y ofertas que no tienen nada que ver, o simplemente no está. Te reciben llamados a la acción que compiten entre sí, encabezados vagos y un pitch de venta para algo que no responde a tu búsqueda original. La experiencia se siente caótica, desconectada y poco confiable.

¿Qué haces?
Te vas.
Haces clic en el siguiente resultado.
Te quedas donde la respuesta es clara y el siguiente paso se entiende de inmediato, muchas veces en segundos.

Ese momento es donde la mayoría de las estrategias de SEO se desmoronan. El clic se ganó gracias a una buena selección de palabras clave y a un contenido alineado con la intención. Pero la conversión, la acción, la interacción, el resultado, se perdió por una mala experiencia en la página.

Y justo aquí es donde la Optimización de la Tasa de Conversión (CRO) se vuelve indispensable. Un especialista en SEO y CRO se asegura de que el tráfico no solo llegue, sino que aterrice en el lugar correcto, vea el mensaje adecuado y siga el camino de acción que esperas.

Los ejecutivos suelen asumir que estos detalles en la página, encabezados, diseño, ubicación de botones, son meramente creativos o subjetivos. En realidad, son palancas de rendimiento que afectan tanto los resultados de negocio como el posicionamiento en buscadores. Google observa cómo interactúan los usuarios con tu contenido. Si la gente se queda, navega y convierte, esas señales refuerzan tu visibilidad orgánica. Si se va rápido, la señal es clara: la experiencia no cumplió con lo que prometía. Google lo interpreta como una mala experiencia de usuario, y eso puede —y muy probablemente va a— afectar negativamente tu posicionamiento.

Elementos como la claridad del titular, la estructura, las señales visuales de confianza y la respuesta en móviles no tienen que ver con modas de diseño. Tienen que ver con alinear la intención del usuario con tu propuesta de valor, sin fricción.

Una buena estrategia de SEO lleva a las personas hasta la puerta.
Una buena estrategia de CRO las hace entrar, les muestra exactamente lo que venían a buscar y deja clarísimo cuál es el siguiente paso.

Sin esa alineación, las empresas no solo pierden conversiones: también corren el riesgo de perder visibilidad con el tiempo.

Cómo el diseño, el texto y los llamados a la acción influyen en el SEO

Es fácil pensar que el diseño y el texto son decisiones estéticas: elecciones de marca para reflejar estilo, tono o posicionamiento en el mercado. Pero en el contexto del SEO tienen un papel mucho más práctico: moldean cómo se comportan los usuarios en la página.

Y ese comportamiento es justamente lo que los motores de búsqueda están observando.

Los algoritmos de Google no solo evalúan palabras clave y estructura técnica; también analizan qué hace la gente cuando llega a tu sitio.
¿Se quedan y se desplazan en la página?
¿Se van de inmediato?
¿Interactúan con tu contenido o hacen clic en algo relevante?

Esas señales, de comportamiento o de interacción, se usan para determinar si tu página realmente está satisfaciendo la intención de búsqueda del usuario.

Eso significa que el diseño, el texto y los llamados a la acción influyen directamente en tu rendimiento SEO de tres formas muy claras:

1. **La interacción del usuario afecta el posicionamiento**
   Un diseño limpio, un mensaje claro y una estructura lógica reducen la fricción y animan a las personas a quedarse más tiempo. Mientras más

tiempo permanecen en la página, más probable es que hayan encontrado lo que buscaban... y más razones tiene Google para seguir mostrándola bien posicionada.

2. **Las señales de conversión refuerzan la calidad del contenido**
   Cuando los usuarios responden a tu llamado a la acción, llenan un formulario, hacen clic en una comparación, ven un video o navegan a otra sección relevante del sitio, están indicando que la página les aportó valor. Ese tipo de interacción es una señal de calidad que los motores de búsqueda usan para distinguir una página fuerte de una superficial.

3. **Una mala experiencia destruye la confianza... muy rápido**
   Si alguien llega a una página y se encuentra con una pared de anuncios, contenido desordenado o texto de venta agresivo, se va. Y cuando eso pasa de forma repetida, tu posicionamiento se resiente. Los buscadores no quieren enviar a los usuarios a páginas que los frustran.

En resumen: las decisiones visuales y estructurales que toman los equipos de diseño y marketing influyen en la visibilidad en buscadores, lo sepan o no.

Por eso el SEO no puede vivir separado de la experiencia de usuario, y por eso redactores, diseñadores y desarrolladores son piezas clave del rendimiento orgánico, aunque la palabra "SEO" no aparezca en su título de puesto.

Un especialista en SEO y CRO trabaja justamente entre esos roles para asegurarse de que, una vez que la página gana el clic, ofrezca una experiencia que mantenga al visitante atento... y un desempeño que sostenga la visibilidad a largo plazo.

La curva de confianza en la conversión SEO

Con demasiada frecuencia, el CRO se trata como una fase de "optimización" que empieza cuando el trabajo de SEO ya terminó. Pero en un sistema de alto rendimiento, la conversión no es una etapa aparte: forma parte del propósito original de la página. Una página que posiciona pero no convierte está incompleta desde el diseño mismo.

Por qué la optimización de conversión suele empezar tarde (y por qué es un error)

En la práctica, muchos profesionales de SEO se ven trabajando al revés, no por gusto, sino por necesidad. Cuando entra un nuevo estratega, casi siempre se encuentra con un sitio que la dirección considera "terminado".

El diseño se ve espectacular.
El texto ya pasó por aprobación.
La identidad de marca está "cerrada".

Proponer cambios —sobre todo para mejorar la conversión— puede sentirse como tocar terreno sagrado.

Por eso muchos SEOs empiezan por donde se puede medir: primeros logros en rankings, más visibilidad, crecimiento sostenido de tráfico. Esos resultados crean la credibilidad necesaria para abrir la siguiente conversación.

Cuando los datos hablan por sí solos, el mensaje se vuelve muy simple:
"Las estrategias de SEO están funcionando. ¿Quieres llevarlo al siguiente nivel?"

En ese punto, lo que antes era intocable —el "terreno sagrado"— empieza a estar sobre la mesa, porque el valor ya se demostró. La optimización de la tasa de conversión deja de percibirse como un riesgo y se convierte en el paso lógico que sigue.

El trabajo de conversión suele llegar más tarde de lo que debería, pero no es un final: es la segunda vuelta de la misma estrategia. Y cuando ya existe confianza, esa segunda vuelta avanza mucho más rápido y llega más profundo.

Cuando trabajo con equipos multidisciplinarios, me enfoco menos en cómo está posicionada la página y más en cómo la vive el usuario.
¿Responde realmente a la intención de búsqueda?
¿La estructura hace evidente cuál es el siguiente paso?
¿El texto ayuda y transmite seguridad, o suena genérico y recargado?

No son detalles superficiales. Son señales para la persona y para el algoritmo de si el contenido cumple o no su promesa.

10. El modelo de contratación SEO adecuado para tu etapa

La mayoría de los esfuerzos de SEO no fracasan porque "el SEO no funciona". Fracasan porque la organización no está preparada para dejarlo funcionar. Ya sea que contrates a un consultor, a alguien interno o a una agencia, el éxito depende menos de sus habilidades... y mucho más de la capacidad de tu empresa para convertir sus recomendaciones en acciones concretas.

Desde dirección suele asumirse que el SEO es algo que una persona especialista "ve por su cuenta en una esquina". En la práctica, solo funciona cuando la empresa completa se alinea. La persona que contratas puede conocer muy bien cómo funciona la búsqueda, pero todavía no conoce tus productos, tu audiencia ni tu cultura interna. Y aunque traiga la estrategia correcta, todo se desmorona cuando los equipos clave, desarrollo, diseño, editorial, legal, video, ignoran las recomendaciones o simplemente no tienen tiempo para implementarlas.

¿El resultado? La implementación se vuelve eterna. Lo que pudo tomar de 6 a 12 meses se extiende a 18 o 24. El impulso inicial se pierde y la confianza se desgasta, no porque la estrategia estuviera mal, sino porque la ejecución se quedó sin apoyo.

Y a veces el problema viene de antes: se contrató el tipo de ayuda equivocado para la etapa en la que estás. Necesitabas a alguien que liderara e integrara, pero contrataste a alguien "para hacer SEO". O contrataste una agencia para producir entregables cuando todavía no había alineación interna. En ambos casos terminas pagando dos veces: una por el esfuerzo inicial y otra por corregir el rumbo.

Este capítulo te propone una salida. Aquí vas a aprender a:

- Evaluar qué tan lista está tu organización para tomarse en serio el SEO.

- Elegir el modelo de contratación adecuado según tu etapa y estructura.

- Hacer mejores preguntas, tanto en entrevistas como en tus RFP (Requests for Proposal, solicitudes de propuesta), para identificar verdaderos operadores y no solo buenos vendedores.

- Detectar focos rojos antes de que consuman tu presupuesto.

Ya sea que estés contratando a tu primera persona de SEO o revisando un programa que no despega, este capítulo te ayudará a tomar decisiones que no solo "cumplen con tener SEO", sino que realmente generan resultados.

Y todo empieza por una verdad incómoda: nadie puede "ser dueño del SEO" en solitario. Ni siquiera la persona experta que contratas. Así que hablemos de cómo elegir bien… y cómo prepararte para que esa persona pueda ganar.

El costo oculto de contratar sin estar listo

Contratar a alguien para SEO se siente como un paso adelante. Encuentras a una persona creíble, firmas el acuerdo, le asignas tareas… y esperas. Pero meses después, nada importante ha cambiado. Los rankings no se mueven. Las conversiones no suben. En la mesa directiva empieza la duda: "¿Valió la pena esta inversión?"

¿Qué salió mal?

En muchos casos, el problema no fue a quién contrataste. El problema es que la empresa no estaba lista, ni estructural ni culturalmente, para dejar que el SEO tuviera éxito.

Lo he visto de cerca.

Antes de entrar al mundo del SEO empresarial, yo hacía todo: detectaba problemas, corría auditorías, implementaba correcciones. Entendía cómo encajaban las piezas porque había hecho cada parte del proceso. Así que cuando entré a una organización grande, asumí que la ejecución sería más fluida. Equipo más grande, mejor proceso... ¿no?

No exactamente.

Entregué un conjunto de tickets claros y estratégicos al equipo de desarrollo. Tareas sencillas: ajustar directivas críticas en el archivo robots.txt, implementar *lazy load (carga diferida)*, pequeños cambios en el marcado. Nada fuera de lo común. Pero llegó el siguiente sprint... y nada se había implementado. Sin seguimiento, sin preguntas, solo silencio.

Eran desarrolladores senior: inteligentes, capaces, muy técnicos. Pero nadie les había explicado cómo encaja el SEO en su trabajo. Nadie levantó la mano para decir: "Esto no lo entiendo." Ni siquiera sabían lo que no sabían. Y como tenían otras prioridades que sí eran vistas como esenciales, las tareas de SEO se fueron al fondo de la lista.

No era solo una brecha de conocimiento. Era una brecha cultural. El SEO no se veía como parte central de la entrega de producto, así que simplemente no se hacía.

Ahí entendí una verdad más profunda: el SEO casi nunca fracasa por una mala contratación. Fracasa cuando la organización no está preparada para sostener ese trabajo, a nivel técnico, operativo y cultural.

Dónde fracasa la contratación de SEO

Una vez que se toma la decisión de "invertir en SEO", la mayoría de las empresas se concentra en a quién contratar. Pero lo que a menudo define el éxito no es la persona, sino el contexto al que llega.

Aquí es donde la contratación de SEO suele fallar

1. **Persiguen entregables en lugar de eliminar bloqueos**

Dirección pide más contenido, más enlaces o auditorías… esperando resultados. Pero si la arquitectura del sitio está rota, las plantillas no están alineadas o el equipo de desarrollo está rebasado, esos entregables no van a rendir.

El SEO no va de cuánto produces, sino de si tu sistema está listo para sostener lo que publicas.

2. **Asumen que estrategia es lo mismo que ejecución**

Contratas a una persona con mucha experiencia o a una agencia especializada. Entregan una hoja de ruta clara y un plan de acción priorizado. Pero seis meses después sigues esperando que se implementen cosas básicas.

La estrategia sin seguimiento se convierte en documento que nadie usa.

3. **Delimitan por horas, no por resultados**

Contratar a alguien "40 horas al mes" suena eficiente, pero el trabajo de SEO no es lineal. Algunas semanas necesitas sprints intensos; otras, tiempo de aprobaciones o soporte de desarrollo. Los topes de horas pueden dejar a medias trabajos de alto impacto.

El avance debería definirse por lo que hay que lograr, no solo por las horas trabajadas.

4. Contratan a un ejecutor cuando necesitaban a un líder

Trajiste a alguien para optimizar páginas, pero nadie está empujando que esos cambios se aprueben, se prioricen y salgan a producción. La implementación se queda atorada entre equipos, esperando decisiones o recursos de desarrollo.

En estos casos, la empresa no necesita más tareas de SEO. Necesita alguien que pueda liderar el cambio entre áreas y quitar fricción al proceso.

5. Contratan según la ambición, no según la madurez

Algunas empresas contratan a una agencia de primer nivel, pero no tienen a nadie dentro que sea el "campeón" de SEO y pueda guiar la implementación. Otras incorporan a alguien muy junior y esperan que, por sí solo, se encargue de auditorías técnicas, educación de liderazgo y *roadmap* (planificación de la hoja de ruta).

La contratación correcta depende de tu realidad actual, no de tus aspiraciones. La clave es alinear el modelo de contratación con tu nivel de madurez operativa:

- Si estás en una etapa temprana o de "rescatar" el canal, necesitas velocidad, claridad y dirección. Lo más adecuado es un consultor senior o un líder de SEO fraccional (por horas o por proyecto): alguien que pueda diagnosticar rápido, construir la estrategia, priorizar lo urgente y sentar las bases del crecimiento sostenible.

- Si tu empresa ya viene creciendo y tienes cierta operación de contenido y desarrollo en marcha, es momento de incorporar a un especialista de SEO interno para el día a día. Complétalo con una figura estratégica externa (asesor o consultor) que marque prioridades trimestrales, detecte puntos ciegos y mantenga vivo el roadmap.

- Si manejas una organización compleja, múltiples marcas, equipos o mercados, vas a necesitar más capacidad. Ahí sí tiene sentido trabajar con una agencia especializada en SEO, pero solo si la acompañas de un responsable interno de SEO. Esa persona se asegura de que el trabajo de la agencia se mantenga alineado a los objetivos de negocio y se implemente de forma efectiva.

Todos estos modelos pueden funcionar. Pero solo cuando la estructura que los rodea, apoyo, responsabilidades, recursos, está lista para permitir que tengan éxito.

6. Se olvidan de la conversión

El tráfico crece. Los rankings mejoran. Pero los resultados de negocio no se mueven. ¿Por qué? Porque tus páginas no fueron diseñadas para convertir.

Cuando el SEO se separa de la optimización de la tasa de conversión (Conversion Rate Optimization, CRO), terminas optimizando para visibilidad, no para resultados.

7. El costo de contratar demasiado pronto o en aislamiento

Contratar para SEO demasiado pronto —o sin el apoyo organizacional necesario— crea una falsa sensación de avance. Parece que estás progresando, pero el sistema de fondo sigue igual.

Así es como muchas empresas terminan pagando dos veces: una por la estrategia y otra por corregir la brecha entre las recomendaciones y la realidad.

¿Estás listo para contratar SEO?

Antes de traer a un consultor de SEO, a una agencia o a alguien de tiempo completo, conviene hacer una pausa. La mayoría de las empresas subestima lo que realmente se necesita para ejecutar SEO, no solo a nivel de tareas, sino a través de todas las áreas. Contratar a alguien puede dar sensación de avance, pero si la organización no está lista para apoyarlo, el trabajo se frena, los resultados se retrasan y la inversión termina pareciendo un desperdicio.

Usa esta lista para evaluar tu nivel de preparación:

Lista de preparación para SEO

Marca cada punto que se cumpla:

- Tenemos apoyo ejecutivo para priorizar el SEO como una función de negocio, no solo como una táctica de marketing.

- Sabemos cómo se ve el éxito (más allá del tráfico: pensamos en clientes potenciales, ventas o conversiones).

- Podemos identificar responsables internos en desarrollo, contenido, creatividad, UX, analítica y legal.

- Nuestro equipo de desarrollo tiene capacidad para implementar recomendaciones de SEO dentro de un ciclo de *sprint* razonable.

- Podemos publicar o actualizar contenido sin procesos de aprobación excesivos ni demoras constantes.

- Contamos con una configuración básica de analítica para medir el desempeño de SEO y los cambios a lo largo del tiempo.

- Incluimos la optimización de la tasa de conversión dentro de nuestra hoja de ruta de SEO, no como un esfuerzo separado.

- Podemos comprometernos a un ritmo de lanzamientos mensuales —aunque sean pequeños— para mantener el impulso.

- Estamos abiertos a capacitar a equipos multidisciplinarios sobre cómo se relaciona el SEO con su rol.

Si no puedes marcar al menos cinco de estos puntos, es probable que tu organización aún no esté lista para contratar ayuda de SEO enfocada solo en ejecución.

Eso no significa que no debas empezar. Significa que tu primera contratación debería ser alguien capaz de construir el sistema, no solo de trabajar dentro de uno.

Qué hacer si todavía no estás listo

Si te faltan elementos clave de la lista de preparación, el siguiente paso *no* es contratar a un redactor de contenidos ni firmar con un proveedor de SEO centrado solo en producción. Lo que necesitas es incorporar a un Estratega SEO experimentado o a un Consultor Senior en SEO: alguien que pueda

- Evaluar tu situación actual

- Identificar qué falta o qué está desalineado

- Priorizar lo que realmente puede mover la aguja

- Preparar (o capacitar) a tus equipos para implementar SEO correctamente

- Crear una hoja de ruta que pueda escalar junto con tu negocio

Este perfil cierra la brecha entre la teoría y la ejecución. Te ayuda a construir el "músculo" antes de intentar correr.

Importante: la auditoría siempre va primero

Independientemente de a quién contrates, ya sea un consultor, un perfil interno de SEO o una agencia de servicio completo, una de las primeras cosas que hará será una auditoría y un análisis competitivo.

Esto no significa que el trabajo previo haya sido un desperdicio. Es algo estándar, necesario y, muchas veces, no negociable. Cada especialista necesita verificar el estado técnico real del sitio, entender cómo están rindiendo tus páginas y establecer una línea base en la que confíe. Anticípalo y considéralo dentro del presupuesto.

También es importante saber que no todas las auditorías son iguales. Algunas son superficiales y totalmente automatizadas. Otras son evaluaciones técnicas profundas que revisan plantillas, eficiencia de rastreo, estructura de *schema*, canibalización entre páginas, flujo de enlaces internos, profundidad de contenido y fricción en la conversión.

Cuanto más profunda es la revisión, más accionables son los hallazgos… y mayor suele ser el costo. Pero ese costo casi siempre se recupera después, al evitar decisiones equivocadas y retrabajos más caros.

No todas las agencias trabajan igual

Si estás considerando trabajar con una agencia, es fundamental entender cómo funciona cada modelo. No todas las agencias de SEO implementan lo que recomiendan. Algunas solo dan guía. Otras trabajan casi como parte de tu equipo interno. La distancia entre lo que tú esperas y lo que realmente entregan es una de las principales razones por las que estas relaciones se rompen.

Aquí tienes un desglose:

1. Agencias solo de estrategia y asesoría

Estas firmas se enfocan en el diagnóstico y las recomendaciones. Entregan auditorías detalladas, hojas de ruta, investigaciones de palabras clave y estrategias de contenido, pero se detienen antes de la implementación práctica.

- **Qué entregan:** Informes, marcos de priorización, lineamientos de contenido y recomendaciones técnicas.

- **Qué esperan de ti:** Que tus equipos internos de desarrollo, contenido y diseño hagan el trabajo real.

- **Mejor para:** Organizaciones con buena capacidad interna y equipos que ya entienden bien el SEO.

Si tu equipo ya está al límite de capacidad, una agencia solo de asesoría puede dejarte con grandes planes... pero con poco avance real.

2. Agencias SEO de servicio completo

Estas agencias son socios operativos que cubren todo, desde la estrategia hasta la ejecución. Llegan con su propio equipo —redactores, especialistas técnicos en SEO, desarrolladores, diseñadores y analistas— y actúan como una extensión de tu área de marketing o producto.

- **Qué entregan:** Desde auditorías hasta producción de contenido, optimización on-page, ajustes de plantillas, datos estructurados, CRO y reportes.

- **Qué esperan de ti:** Acceso, aprobaciones y alineación... para poder moverse rápido.

- **Mejor para:** Empresas que quieren impacto, pero no tienen el equipo o el tiempo para construirlo internamente.

Una agencia de servicio completo suele funcionar como un departamento de SEO "enchufar y usar". Si tu principal bloqueo histórico está en la implementación, este es el modelo de soporte que deberías considerar.

3. Agencias híbridas

Algunas agencias ofrecen un enfoque híbrido: se encargan de la estrategia y de parte de la implementación (como producción de contenido o correcciones técnicas), pero siguen dependiendo de tus equipos internos para cosas como despliegues, QA final o aprobaciones de liderazgo.

- **Mejor para:** Empresas con capacidad interna moderada y la posibilidad de colaborar de cerca con socios externos.

Ten claro qué estás comprando

Muchos proyectos de SEO fracasan no porque la agencia haya hecho poco, sino porque nadie alineó expectativas desde el inicio. ¿Querías estrategia o ejecución? ¿Tienes el soporte interno para implementar lo que se recomiende? ¿Estás listo para ciclos de retroalimentación semanales, o solo para revisiones trimestrales?

Cuanto más honesto seas sobre tu nivel de preparación, más exitoso será tu trabajo en conjunto con cualquier socio de SEO.

Qué buscar en entrevistas y RFP

Elegir al socio correcto de SEO, ya sea consultor, interno o agencia, requiere más que revisar credenciales. Buscas a alguien que pueda diagnosticar con claridad, navegar tu complejidad interna y conectar su trabajo con resultados medibles.

Ya sea que estés haciendo entrevistas o lanzando una *Request for Proposal* (RFP), enfócate en sus capacidades reales, no solo en los títulos que han tenido en el pasado.

Las tres capacidades que mejor predicen el éxito

Estas son las capacidades que distinguen a un ejecutor táctico de SEO de un verdadero operador. Ya sea que estés entrevistando a un candidato o evaluando una agencia, son las cualidades que determinan si el trabajo realmente va a suceder... y si va a generar resultados.

1. Claridad diagnóstica

¿Pueden ir más allá del ruido y señalar lo que realmente importa?

Los buenos operadores de SEO no te inundan de datos: identifican qué está roto, qué falta y qué vale la pena arreglar primero. Entienden que no todos los problemas tienen el mismo peso y pueden explicar el porqué de su priorización.

Pídeles que revisen una de tus páginas en producción. En cinco minutos, ¿son capaces de detectar los tres principales bloqueos y proponer un par de experimentos de alto impacto, sin necesidad de correr una auditoría completa antes?

No solo estás evaluando conocimiento técnico. Estás probando su capacidad de convertir complejidad en acción.

2. Gestión del cambio

¿Pueden lograr que el trabajo se publique en tu entorno real?

La mayoría de los proyectos de SEO no se quedan atorados en la estrategia, sino en la implementación. Un buen operador sabe cómo trabajar con desarrollo, contenido, legal, diseño y liderazgo para hacer que las cosas avancen. No se limitan a levantar tickets: consiguen que se ejecuten.

Busca a alguien que sea capaz de:

- Influir en hojas de ruta y prioridades

- Capacitar a equipos no especializados en SEO (editores, devs, UX) sobre el "por qué" de sus solicitudes

- Introducir herramientas que reduzcan fricción: *page briefs*, plantillas de contenido, "definiciones de terminado"

- Dar seguimiento y destrabar sin tener que escalar cada vez

No estás contratando solo a un optimizador. Estás contratando a alguien que sepa navegar la complejidad interna.

3. Disciplina de medición

¿Pueden construir un marco de desempeño que oriente decisiones reales?

SEO genera muchos datos. Un buen operador sabe qué métricas vigilar primero (indicadores adelantados) y cómo se conectan con los resultados de negocio (indicadores rezagados). Y, igual de importante, sabe traducir esos números en próximos pasos concretos.

Tool tip: *Indicadores de adelantados vs. rezagados*

- **Adelantados (Leading):** *señales tempranas como cobertura de indexación, crecimiento del conjunto de palabras clave posicionadas o mejora en las Core Web Vitals a nivel de plantilla.*

- **Rezagados (Lagging):** *resultados finales como conversiones, Marketing Qualified Leads (MQLs), ingresos asistidos o la proporción de tráfico orgánico frente al total.*

Deben ser capaces de explicar:

- Qué señales indican avance temprano (por ejemplo, páginas indexadas, expansión de consultas, mejora en Core Web Vitals).
- Qué métricas de negocio importan más (por ejemplo, contactos calificados, ingresos asistidos, conversión a nivel de página).
- Cómo han ajustado la estrategia en roles anteriores con base en lo que mostraban los datos.

Los buenos operadores conectan ambos mundos y actúan antes de que los indicadores rezagados (ventas, ingresos) terminen de reflejar el cambio.

Preguntas de entrevista que revelan capacidad

Haz estas preguntas en entrevistas reales o inclúyelas como ejercicios de escenario en tu proceso de selección:

- "Háblame de una iniciativa de SEO que aumentó los ingresos sin publicar más páginas."

- Busca respuestas relacionadas con interlinking interno, cambios de UX, mejor alineación con la intención del resultado en Google o claridad en la oferta. Lo que quieres oír es pensamiento de sistema, no "escribir más blogs".
- "Cuéntame de una ocasión en la que una actualización del algoritmo afectó tu sitio. ¿Qué cambiaste —y qué evitaste cambiar— en las primeras dos semanas?"
  Busca autocontrol inteligente, hipótesis claras y decisiones basadas en datos, no reacciones de pánico.
- "Elige una de nuestras páginas de producto o servicio. En 90 segundos, dime el ajuste más importante y por qué."
  Aquí estás probando su capacidad de priorizar bajo presión, no que recite una lista de funciones o tácticas.
- "¿Cómo te aseguras de que SEO y medios pagados no se canibalicen entre sí?"
  Las buenas respuestas mencionan la separación entre búsquedas de marca y sin marca, el mapeo de consultas y la planeación colaborativa entre canales.

Tool tip: *Mapeo de intención de búsqueda*

La práctica de asignar intenciones de búsqueda específicas (informativa, comercial, transaccional, navegacional) a cada página o paso del embudo, para que los esfuerzos orgánicos y de pago se complementen en lugar de competir entre sí.

Qué incluir en tu RFP (y qué ignorar)

La mayoría de los RFP de SEO están llenos de metas vagas, listas de verificación vacías o puro "bingo de palabras de moda". Eso atrae propuestas que se ven impresionantes... pero no necesariamente de los socios correctos. Si quieres evitar pagar por puro teatro, tu RFP tiene que reflejar el trabajo real del SEO: priorización, coordinación y avances medibles.

Esto es lo que realmente importa, y lo que separa a los socios estratégicos de quienes solo suenan bien en papel.

---

1. Contexto de negocio y limitaciones

No les pidas a los proveedores solo que te digan cómo van a "incrementar el tráfico orgánico". Eso es demasiado abstracto. Diles a qué realidad se están integrando.

- ¿Cuáles son tus metas de ingresos, márgenes de producto o criterios de calidad de prospectos?
- ¿Tu industria es estacional y la ventana de oportunidad depende del calendario?
- ¿Qué tanto acceso tienes realmente a los equipos de desarrollo y de contenido?
- ¿Tu CMS es flexible o cada cambio requiere apoyo de TI?

Mientras más claro presentes tus limitaciones y condiciones reales, mejores serán las respuestas: te hablarán de estrategias aplicables en tu contexto, no de teoría de "mundo ideal".

2. Diagnóstico y priorización

En lugar de pedir una lista interminable de ideas, pídele a las agencias que demuestren cómo priorizan.

Solicita un plan de ejemplo a 90 días basado en 3–5 iniciativas. Cada iniciativa debe incluir:

- Un problema claramente definido
- Una hipótesis que se pueda probar
- Recursos necesarios (redacción, desarrollo, diseño)
- Dependencias que puedan retrasar el trabajo
- Un indicador de éxito definido y cómo se va a medir

Esto no solo revela cómo piensan, también muestra si entienden cómo se ejecuta el trabajo en un entorno realmente transversal entre equipos.

3. Ritmo de operación

La ejecución vive o muere en el calendario. Si tu posible socio no tiene un ritmo de trabajo definido, lo que estás comprando es reacción, no progreso.

Pide que te muestren un ejemplo de cadencia mensual o trimestral de trabajo:

- ¿Qué se revisa y cuándo?
- ¿Quién participa en esas reuniones?
- ¿Qué decisiones se toman en esas revisiones?

Esto te va a dejar ver si realmente pueden llevar trabajo a producción en un plazo concreto... o si solo entregan "insights" que luego nadie puede implementar.

4. Marco de medición

El socio correcto debe ser capaz de proponer un panel listo para tomar decisiones, no solo una montaña de métricas.

Pídeles que muestren un panel de ejemplo con entre 8 y 12 métricas, no más. Debe incluir un equilibrio de:

- Indicadores adelantados (por ejemplo, páginas indexadas, crecimiento de consultas, Core Web Vitals).

- Indicadores de resultado (por ejemplo, contactos calificados, MQLs, tasas de conversión).

- Y, para cada métrica, qué decisión busca habilitar.

Esto revelará si pueden pensar en términos de resultados, no solo de tráfico.

5. Plan de implementación

Aquí es donde la mayoría de los proyectos de SEO se rompen. Todos están de acuerdo en lo que hay que hacer... pero nadie tiene claro quién lo va a ejecutar.

Pídele a la agencia que especifique:

- Quién redacta los tickets para desarrollo.

- Quién modifica plantillas o contenidos.

- Quién se encarga de QA antes de que algo se publique.

- Qué se espera de tu equipo y qué pasa si esas tareas se retrasan.

Si su plan de implementación es vago o inexistente, asume que ahí es donde tu proyecto se va a estancar.

Una prueba que corta todo el ruido

Dale a cada proveedor el mismo mini-brief de "mejora de página". Elige una URL real (pero anonimizada), describe la intención de la página y sus problemas, y dales 72 horas para devolver un plan de mejora "antes/después".

Vas a aprender más con ese solo ejercicio que con 40 diapositivas comerciales. Los que piensan como verdaderos operadores se van a distinguir muy rápido.

Señales de "expertos" que acaban quemando tu presupuesto

- Garantizar posiciones o tiempos concretos. Los buenos operadores garantizan proceso, calidad y comunicación, nunca lugares en Google.

- "Paquetes de backlinks" o promesas de subir la autoridad de dominio. La verdadera autoridad se gana con contenido sólido, PR, alianzas y señales de marca creíbles, no comprando listas de enlaces.

- Dashboards llenos de impresiones y gráficas de vanidad. Si no pueden conectar el trabajo con tráfico calificado, interacción y conversiones, lo que estás comprando es teatro.

- "Auditorías instantáneas" que nunca tocan plantillas. Si su "plan técnico" no incluye cambios a nivel de plantillas, navegación o gobernanza de contenidos, solo vas a tratar síntomas, no causas.

- Obsesión por las herramientas en lugar de pensar. Las herramientas son lentes, no estrategias. Desconfía de las presentaciones que son solo capturas de pantalla sin traducir nada al lenguaje de negocio.

- Bloquear el acceso a tus propios datos o contenidos. Las cuentas, dashboards, librerías de schema y documentación deben ser tuyos.

- "Nosotros lo manejamos" sin tickets ni registro de cambios. Si no queda documentado, es como si no hubiera pasado—y no hay forma de aprender de ello.

- Sin plan de CRO. Cualquier plan que no hable de llamadas a la acción, jerarquía de la página o claridad de la oferta terminará pagando de más por tráfico que no convierte.

- Fábricas de contenido. Si "estrategia de contenidos" solo significa más posts sin mapeo de búsquedas, sin enlaces internos ni análisis de la SERP, no esperes grandes resultados.

Elegir el modelo correcto de contratación (guía rápida)

No existe una única forma "correcta" de armar tu equipo de SEO. Lo importante es elegir el modelo que encaje con el nivel de madurez, los recursos y la estructura interna de tu empresa. Los tres enfoques más comunes —consultor, contratación interna y agencia— resuelven problemas distintos.

Un **consultor** (normalmente senior o fraccional) aporta diagnóstico, dirección y gobernanza. Puede identificar rápido qué está mal, construir una hoja de ruta y destrabar cuellos de botella en desarrollo, diseño y contenido. Es ideal cuando necesitas resultados rápidos, claridad o un "reset" después de una iniciativa fallida. Pero no está pensado para operar solo: sin gente interna que ejecute, hasta la mejor estrategia se queda en papel.

Una **contratación interna** aporta continuidad. Construye conocimiento institucional, mantiene el impulso y conecta SEO con marketing, desarrollo y analítica. Este modelo funciona mejor cuando la organización ya cuenta con **un plan de trabajo estable y una producción continua de contenido**. El riesgo: contratar demasiado junior. Sin autoridad ni profundidad estratégica, el puesto se vuelve reactivo —alguien que solo toma tareas, en vez de empujar cambios.

Una **agencia** aporta escala y especialización. Con equipos multidisciplinarios que abarcan contenido, diseño y SEO técnico, pueden moverse rápido y manejar operaciones de gran tamaño. Pero su efectividad depende de que tengas un responsable interno fuerte: alguien que pueda priorizar, aprobar y mantener la alineación. Sin esa supervisión, la actividad sustituye al progreso y los reportes sustituyen a los resultados.

Las mejores configuraciones suelen combinar estos modelos: un consultor define la estrategia, un responsable interno gobierna la ejecución y una agencia se encarga de la producción. Cuando estos tres roles están sincronizados, el SEO funciona como un sistema y no como un silo aislado.

La persona responsable interna de ese sistema debe ser alguien capaz de conectar piezas: entender el lenguaje de negocio, coordinar a desarrollo, contenido y diseño, y traducir las prioridades de SEO en trabajo concreto. En muchas organizaciones modernas este rol se parece a un estratega digital "full-stack": no se limita a una sola especialidad, sino que integra estrategia, contenido, diseño, tecnología e infraestructura para que todo trabaje a favor del crecimiento.

Tool tip: *Perfil con especialización profunda y visión transversal*
Profesional con dominio sólido en un área principal, por ejemplo SEO, y suficiente conocimiento de marketing, analítica, UX y tecnología como para trabajar de forma efectiva con cada equipo. Su función es tender puentes entre lo creativo, lo técnico y lo comercial para convertir la estrategia de SEO en resultados medibles.

Cómo estructurar la colaboración

Una vez que eliges el modelo adecuado, el éxito depende de cómo estructuras el trabajo. Muchos programas de SEO fallan no porque la estrategia sea incorrecta, sino porque la ejecución se trata como una campaña y no como un producto continuo. El objetivo es crear un ritmo de entrega, aprendizaje y mejora.

Empieza definiendo resultados, no tareas. Antes de hablar de auditorías, contenidos o backlinks, decide cómo luce el éxito. Por ejemplo: aumentar en un 40% las sesiones no de marca y calificadas hacia páginas de producto en seis meses, y elevar en un 20% la tasa de conversión de esas mismas páginas. Resultados claros mantienen las prioridades alineadas y los avances medibles.

Luego, entrega en fases, no en presentaciones. El progreso debe ser visible a través de trabajo terminado, no solo de reportes. Cada fase debe incluir entregables tangibles: actualizaciones de plantillas, una arquitectura de información refinada, páginas reescritas o la implementación de datos estructurados, cada uno con un plan de medición que permita seguir su impacto.

Define una cadencia operativa constante. Las revisiones mensuales deben cubrir el avance del roadmap, los bloqueos y los aprendizajes. Las revisiones trimestrales deben tomar distancia para evaluar resultados, ajustar la estrategia y elegir las siguientes áreas de enfoque. Esta estructura mantiene el SEO en movimiento, mientras permite que dirección se mantenga informada sin frenar el ritmo.

Documenta todo. Mantén un espacio compartido para decisiones, tickets, briefs de página, registros de cambios y resultados posteriores a cada implementación. La documentación no es burocracia: es la forma de preservar el conocimiento institucional y asegurarte de que el progreso se acumula, en lugar de reiniciarse con cada nueva iniciativa.

Finalmente, alinea SEO con optimización de conversión. Trátalos como una sola línea de presupuesto y un solo flujo de trabajo. Cada iniciativa debe partir de una hipótesis compartida: cómo las mejoras de visibilidad y la experiencia en página trabajan juntas para impulsar el mismo objetivo de negocio. Cuando SEO y CRO operan al unísono, el tráfico y la conversión dejan de competir por atención y empiezan a generar resultados compuestos.

La rúbrica de una página para evaluar contrataciones

Califica a cada candidato/proveedor del 1 al 5 en:

- **Diagnóstico y priorización**

- **Integración y liderazgo del cambio**

- **Medición y toma de decisiones**

- **Calidad del plan de ejecución** (tickets, QA, registros de lanzamientos)

- **Conocimiento de CRO** (ofertas, jerarquía de la página, llamados a la acción, formularios)

Cualquier calificación menor a 3 en dos o más debería considerarse un factor de descarte para la mayoría de las empresas.

Roles de SEO y descripciones

1. **Director de SEO (SEO Director)**
   Alinea el SEO con la estrategia de la empresa, obtiene el apoyo de la alta dirección y se asegura de que la disciplina contribuya directamente al crecimiento del negocio.

2. **Consultor de SEO (SEO Consultant)**
   Actúa como asesor senior que diagnostica problemas, diseña la hoja de ruta y supervisa la implementación entre equipos, a menudo de forma fraccional o externa para acelerar resultados.

3. **Gerente de SEO (SEO Manager)**
   Supervisa la ejecución, la coordinación entre

equipos y la responsabilidad por entregar resultados medibles.

4. **Estratega de SEO (SEO Strategist)**
Construye la hoja de ruta, identifica oportunidades y prioriza acciones alineadas con los objetivos de la empresa.

5. **Especialista de SEO orientado a conversión (SEO CRO Specialist)**
Convierte el tráfico generado por SEO en crecimiento del negocio optimizando UX, propuesta de valor y experiencia en página; se asegura de que los objetivos de conversión estén integrados en la estrategia de SEO.

6. **Project Manager de SEO (SEO Project Manager)**
Gestiona tiempos, recursos y comunicación para mantener las iniciativas de SEO organizadas, documentadas y en calendario.

7. **Account Manager de SEO (SEO Account Manager)**
Gestiona la relación con clientes y el reporting, traduciendo la estrategia y el desempeño de SEO en resultados de negocio.

8. **Especialista de SEO (SEO Specialist)**
Ejecuta optimizaciones on-page, auditorías y mejoras tácticas de SEO dentro de la hoja de ruta definida.

9. **Especialista Técnico de SEO (SEO Technical Specialist)**
Garantiza la rastreabilidad, indexación y salud

estructural del sitio mediante auditorías técnicas y soluciones a nivel de código.

10. **Especialista de Contenido SEO (SEO Content Specialist)**
Conecta la estrategia de palabras clave con la producción de contenido, crea briefs y alinea las páginas con la intención de búsqueda.

11. **Redactor SEO/Copywriter SEO (SEO Copywriter)**
Escribe textos optimizados y persuasivos que cumplan tanto objetivos de posicionamiento como de conversión.

12. **Especialista de Video SEO (SEO Video Specialist)**
Mejora la descubribilidad, metadatos, schema y rendimiento de video en plataformas de búsqueda.

13. **Especialista de Imágenes SEO (SEO Image Specialist)**
Optimiza imágenes para velocidad, accesibilidad, metadatos estructurados y visibilidad en buscadores.

14. **Desarrollador Web orientado a SEO (SEO Web Developer)**
Implementa actualizaciones técnicas y estructurales de SEO, incluyendo schema, redirecciones y aseguramiento de calidad a nivel de código y plantillas.

15. **Analista de SEO (SEO Analyst)**
Monitorea el rendimiento, interpreta datos y

construye dashboards accionables para guiar la toma de decisiones.

Tu necesidad de contratación depende de tu plan de trabajo de SEO

No necesitas contratar todos los roles posibles, pero a medida que crece la demanda de SEO y los responsables internos llegan a su límite, incorporar a las personas adecuadas se vuelve esencial. Cada rol debería reducir fricción, crear impulso y ampliar tu capacidad de ejecutar. Cuando contratas para que el sistema funcione, no solo para producir entregables, el SEO se convierte en un activo que se capitaliza con el tiempo.

Tu plan de trabajo, y no un organigrama genérico, es el que debe definir a quién contratas después. Cada nueva incorporación tiene que resolver una limitación concreta, técnica, creativa o estratégica, y mover resultados medibles en la dirección correcta.

En mi caso, yo operaba como SEO Manager, responsable de la estrategia integral, la priorización y la ejecución entre equipos. El enfoque funcionaba, pero con el tiempo me convertí en el cuello de botella. Para escalar resultados, me enfoqué en roles que apoyaran directamente la siguiente fase del plan.

Las prioridades inmediatas eran la conversión y la expansión de visibilidad. Un especialista en CRO era clave para convertir el tráfico creciente en ingresos medibles. Un especialista en video añadió un nuevo canal de descubrimiento: aumentó la visibilidad en Google Search, Discovery y YouTube, y mejoró las señales de interacción en las páginas clave.

Si hubieran existido más recursos, los siguientes puestos habrían sido un especialista de contenido SEO y un desarrollador web orientado a SEO. El especialista de contenido habría acelerado el mapeo de consultas, la creación de briefs y una publicación constante. El desarrollador web habría reducido la fricción de depender de una fila centralizada de desarrollo, con múltiples aprobaciones y retrasos en correcciones clave.

Contrata para generar apalancamiento, no para coleccionar títulos. Cada rol debe existir para eliminar un bloqueo identificado en tu plan de SEO y hacer avanzar la siguiente métrica de desempeño.

Aquí tienes una versión más depurada, lista para publicación, que elimina redundancias y mantiene el ritmo pensado para liderazgo.

Aprendizajes — Parte II: El SEO como activo de negocio

Crecimiento orgánico: efecto compuesto sin pauta publicitaria

- La pauta pagada compra atención; el SEO construye un activo que reduce los costos de adquisición con el tiempo.

- Alinea lo pagado y lo orgánico para detener la canibalización de términos de marca y las fugas de presupuesto.

- Usa lo pagado como acelerador mientras el SEO construye una base sólida de descubrimiento duradero.

- Evalúa el retorno viendo la eficiencia combinada, el crecimiento de la demanda sin marca y el efecto de arrastre sobre otros canales.

Optimización de la tasa de conversión (CRO): donde la visibilidad se convierte en valor

- Tráfico sin acción es desperdicio; CRO es la segunda mitad del SEO.

- Una estructura clara, texto enfocado y llamados a la acción con propósito mejoran las señales de interacción que sostienen los rankings.

- Diseña para la conversión desde el inicio; no intentes "parcharla" después.

- Trata SEO y CRO como un solo sistema: la visibilidad abre la oportunidad, la conversión la captura.

Contratar SEO de forma correcta

- Los fracasos suelen ser organizacionales, no tácticos: contrata a alguien que se haga responsable del sistema.

- Ajusta el modelo a tu nivel de madurez: consultor para claridad, equipo interno para continuidad, agencia para escalar (siempre con un responsable interno sólido).

- Evalúa a las personas por su capacidad de diagnóstico, priorización y liderazgo del cambio, no por la lista de herramientas que usan.

- Haz que CRO sea innegociable en el alcance y en la medición.

Lupa de liderazgo

- Asegúrate de que lo pagado y lo orgánico se coordinen, no compitan.

- Da seguimiento a la visibilidad sin marca y a las conversiones asistidas para ver el efecto compuesto.

- Considera la conversión como una métrica de SEO.

- Contrata para eliminar cuellos de botella; cada rol debe aumentar la capacidad del sistema.

Idea central

El SEO se convierte en un activo cuando se compone en tres niveles: técnico, operativo y financiero. La pauta pagada compra atención; el SEO la gana y la convierte en valor duradero para la marca.

Próximos pasos para líderes y dueños de negocio

1) Aclara las señales

- Lanza un tablero sencillo: búsquedas de marca vs sin marca, conversiones asistidas, tasa de conversión de landing pages, solapamiento entre tráfico pagado y orgánico.

- Audita y reduce anuncios de marca donde ya ocupas posiciones 1–3; mide el impacto en costo por adquisición.

- Revisa tus principales páginas de aterrizaje: un propósito, una acción principal, una prueba visible de confianza.

2) Establece responsables

- Nombra a una persona de SEO con autoridad para coordinar desarrollo, contenido, diseño y paid.

- Adopta una "Definición de Hecho": implementado, medido, documentado.

3) Alinea y prueba

- Usa pauta pagada para cubrir vacíos y validar mensajes; reequilibra cada trimestre.

- Da seguimiento a los indicadores compuestos: visibilidad sin marca y conversiones asistidas.

- Integra CRO en cada iniciativa de SEO.

4) Contrata según tu madurez

- Etapa inicial: un consultor senior que diagnostique y construya el sistema.

- Etapa de crecimiento: un responsable interno que mantenga la continuidad y la iteración.

- Entornos complejos: agencia especializada + un dueño interno fuerte.

- Define el alcance por entregas y resultados, no por horas.

5) Institucionaliza la mejora continua

- Mantén un registro de cambios (change log) con lo que se lanza y sus resultados; revísalo cada mes.

- Lleva un ritmo operativo estable: revisión mensual de lo enviado y un ajuste estratégico trimestral.

- Trata el SEO como un producto: cada lanzamiento fortalece el sistema y hace que los resultados se compongan.

PARTE III: Las capas ocultas que la mayoría de los directivos no ven

En toda iniciativa de SEO exitosa, la base técnica es la primera capa que debe atenderse. No por una obsesión con el código, sino porque todas las decisiones que siguen dependen de ella. Cuando los problemas técnicos empiezan a salir a la luz, el nivel real de madurez de un sitio se vuelve evidente. Arquitecturas rotas, etiquetas ausentes y bajo rendimiento no son simplemente "problemas de desarrollo". Son problemas de negocio que, en silencio, limitan cuánta visibilidad puede ganar una empresa.

El reto es que la mayoría de los desarrolladores web saben cómo construir un sitio, pero no cómo hacerlo descubrible. Dominar la funcionalidad no es lo mismo que dominar la visibilidad. Un sitio perfectamente diseñado puede fracasar al momento de llegar a su audiencia. Cuando eso pasa, la dirección suele culpar al equipo de marketing, en lugar de reconocer la desconexión entre desarrollo y SEO.

En distintas organizaciones, los equipos más efectivos son aquellos que entienden por qué importa un ajuste, no solo qué hay que corregir. Cuando desarrolladores y responsables de negocio comprenden el impacto de las decisiones técnicas en la visibilidad orgánica, el desempeño cambia de forma drástica. La diferencia entre un sitio que solo cumple y uno que realmente compite suele reducirse a ese entendimiento compartido.

Esta sección no busca enseñar la parte técnica paso a paso —eso se aborda en el Libro II de esta trilogía. Su objetivo es explicar por qué estas capas importan. La capacidad de rastreo, el flujo de UX, el rendimiento y la estructura de contenido no son simples listas técnicas; son indicadores de salud operativa. Cuando estos cimientos son débiles, la estrategia nunca llega a multiplicarse. Cuando son sólidos, todo lo demás — contenido, autoridad y conversión— crece más rápido y de forma más predecible.

Los directivos no necesitan entender cada línea de código. Pero sí deben reconocer que el SEO técnico es lo que mantiene funcionando todo lo demás como se planeó. Es el marco que permite que creatividad, estrategia y datos trabajen como un solo sistema. Sin él, incluso las mejores ideas permanecen invisibles.

11. SEO técnico, explicado de forma sencilla

La mayoría de los sitios web no fallan por mal diseño. Fallan porque los motores de búsqueda no pueden rastrearlos bien ni entenderlos.

El SEO técnico no se trata de "tocar código" por obsesión con la optimización, sino de asegurar que el sitio sea accesible, interpretable y lo suficientemente rápido como para que tanto usuarios como motores de búsqueda puedan interactuar con él.

Cuando un sitio no puede ser rastreado o indexado, ningún contenido espectacular, ni branding, ni backlinks pueden compensarlo. Es como organizar un evento increíble… en un edificio cerrado con llave.

Capacidad de rastreo: ¿pueden los motores de búsqueda llegar a tus páginas?

Los motores de búsqueda funcionan a través de enlaces. Siguen caminos de una página a otra y van recopilando datos sobre lo que contiene cada una.

Si la estructura de tu sitio esconde páginas detrás de una navegación compleja, scripts bloqueados o URLs dinámicas que no están enlazadas internamente, esas páginas, en la práctica, no existen.

Desde la perspectiva de dirección, la capacidad de rastreo es tu mapa de visibilidad. Cada página que no se puede rastrear es inversión perdida: horas de diseño, redacción y experiencia de usuario que nunca salen a la luz.

Barreras comunes para el rastreo incluyen:

- Navegación dependiente de JavaScript sin alternativas en HTML
- Enlaces internos escondidos en imágenes o scripts
- Hubs de contenido desconectados (sin enlaces internos entre páginas relacionadas)
- Robots.txt o metaetiquetas que bloquean URLs críticas por error

Una buena capacidad de rastreo no tiene que ver con tener un sitio enorme, sino con asegurar que cada página importante pueda ser alcanzada, leída y entendida.

Indexación: ¿puede almacenarse y competir en los resultados?

La capacidad de rastreo determina si un motor de búsqueda encuentra una página; la indexación determina si decide conservarla.

Los motores de búsqueda solo indexan páginas que consideran valiosas y únicas. Contenido duplicado, páginas muy pobres o metadatos mal optimizados pueden llevarlos a omitirlas.

Los directivos suelen interpretar este problema como algo de "falta de contenido", cuando en realidad muchas veces es un problema estructural. Un sitio con 10,000 páginas puede tener solo unos cientos indexadas porque el resto no es clara, ni está bien conectada, ni aporta valor desde la perspectiva de búsqueda.

En otras palabras, la indexación no está garantizada: es un privilegio que se gana.

Arquitectura rota: cuando el diseño sabotea el descubrimiento

Muchos equipos tratan el diseño y el SEO como disciplinas separadas. Muy seguido, ahí es donde empiezan las grietas.

Los sitios sobrecargados de diseño, llenos de animaciones, imágenes enormes o estructuras de página demasiado fragmentados, tienden a colapsar bajo su propio peso visual. El sitio puede verse espectacular el día del lanzamiento, pero su código resulta difícil de leer para los rastreadores, las páginas cargan lento y la estructura se vuelve inconsistente.

Desde una perspectiva de madurez en SEO, la arquitectura es mucho más que el flujo visual. Se trata de cómo se conectan las páginas entre sí, cómo los enlaces internos distribuyen autoridad y qué tan fácil es que usuarios (y bots) naveguen sin perderse.

Una arquitectura sólida se comporta como el trazo de una ciudad bien planificada: predecible, conectada y optimizada para el movimiento. Una arquitectura rota es un laberinto.

Por qué incluso los sitios "bonitos" fallan en Google

La estética puede engañar. Muchas decisiones de rediseño se aprueban con base en cómo se ve el sitio, no en cómo funciona para ser descubierto. Pero a los motores de búsqueda no les importan las paletas de color, la tipografía o las animaciones: les importan la eficiencia, la estructura y la relevancia.

Cuando los desarrolladores priorizan la apariencia por encima de la accesibilidad, el rendimiento se resiente. Y cuando los equipos de marketing se enfocan solo en el mensaje sin entender las limitaciones técnicas, incluso el contenido más persuasivo queda enterrado.

Un síntoma común: después de un rediseño, caen los rankings, bajan las impresiones y la dirección se pregunta por qué el sitio "nuevo y mejorado" rinde peor que antes. La respuesta casi siempre está en rutas de rastreo que se perdieron, metadatos que desaparecieron y señales de SEO que fueron sobreescritas.

Salud del sitio ≠ calidad de diseño

Los sitios saludables no siempre son los más vistosos; son los que se comunican con claridad tanto con las personas como con las máquinas.

Un sitio verdaderamente optimizado equilibra la precisión técnica con la expresión creativa. Es lo bastante ligero para cargar rápido, lo bastante estructurado para ser entendido y lo bastante flexible para adaptarse conforme la búsqueda evoluciona.

12.   UX/UI no es solo diseño: también es SEO

Durante años, la experiencia de usuario (UX) y la interfaz de usuario (UI) se veían como disciplinas creativas: importantes para la estética, el branding y la interacción, pero separadas del SEO. Esa separación ya no existe.

Si pones atención a lo que Google premia, el patrón es evidente: todo gira alrededor de la experiencia de usuario. Los rankings son, en la práctica, un reflejo de qué tan bien un sitio sirve a sus visitantes.

Hoy los motores de búsqueda interpretan el comportamiento. Miden cómo interactúan las personas con la página: cuánto tiempo se quedan, qué clics hacen, en qué momento se retiran. Una buena experiencia ya no es opcional; forma parte del sistema de posicionamiento.

UX como factor de posicionamiento

Cada actualización de algoritmo en la última década se ha movido en la misma dirección: premiar la usabilidad. Cuando las páginas cargan lento, confunden al visitante o esconden la información importante, esas señales negativas le dicen al buscador que la página no cumplió con la intención de búsqueda.

En este contexto, UX no se trata solo de "agradar" al usuario, sino de demostrar utilidad a escala.

Métricas como el tiempo de permanencia, los retrasos en la interacción y las visitas de regreso ayudan a los algoritmos a determinar si una página merece escalar posiciones. Cuanto mejor es la experiencia, más fuertes son las señales de ranking.

Desde la mirada de dirección, UX es el punto donde la reputación de marca se encuentra con el desempeño medible. Una interfaz fluida e intuitiva aumenta la satisfacción y la conversión, y refuerza el SEO a través de los datos de comportamiento.

Jerarquía visual y flujo en móvil

La jerarquía visual define cómo se presenta y se consume la información. El orden, el espaciado y el énfasis en elementos como encabezados, botones e imágenes guían tanto a los usuarios como a los rastreadores a través de la página.

En la era del "mobile-first indexing", esa jerarquía importa aún más. Los usuarios móviles navegan con poca paciencia y poco espacio en pantalla. Si la información clave, como el encabezado principal o el llamado a la acción, queda enterrada por debajo del primer desplazamiento de página o escondida detrás de una función de deslizamiento, la interacción cae... y la visibilidad también.

Un layout bien estructurado ayuda a los motores de búsqueda a interpretar qué es lo importante:

- El H1 comunica el tema central de la página.

- Los H2 y H3 organizan el contexto de apoyo.

- Llamados a la acción claros refuerzan el propósito y reducen el abandono.

En otras palabras, el diseño de la página no solo impacta la usabilidad: también le dice a los buscadores qué es lo que más importa.

Señales de rebote y retroalimentación del comportamiento

La tasa de rebote suele malinterpretarse como un indicador absoluto de fracaso. En realidad, es una pista de comportamiento. Cuando los usuarios llegan a una página y se van casi de inmediato, normalmente significa que la experiencia no cumplió sus expectativas —y la causa más frecuente no es "mal diseño", sino bajo rendimiento (página lenta) o contenido que no coincide con lo que buscaban.

Piensa en dos escenarios comunes. Una página puede estar perfectamente alineada con la intención de búsqueda del usuario, pero tardar cinco segundos en cargar. La relevancia se convierte en frustración. El visitante se va, no porque la información fuera incorrecta, sino porque siente que perdió el tiempo. En otro caso, la página carga al instante, pero ofrece poco valor, contexto o profundidad. El usuario se marcha igual de rápido, señalando que el contenido no satisfizo su necesidad.

Los buscadores no pueden "leer" la satisfacción humana de forma directa, pero la infieren. Si una página envía a los usuarios de vuelta a los resultados de búsqueda una y otra vez, la señal es clara: ahí no encontraron la respuesta. Con el tiempo, esto erosiona su capacidad de posicionarse.

Optimizar UX/UI reduce esos bucles de retroalimentación negativa. Un recorrido claro, elementos visuales relevantes, un diseño accesible e incluso video integrado mantienen a las personas en la página el tiempo suficiente para que interactúen o conviertan, enviando señales de "éxito" más fuertes de regreso a los buscadores.

Cómo guiar a los usuarios (y a los bots) a través de una página

Guiar a usuarios y bots por una página se basa en el mismo principio: la estructura comunica significado.

Una página diseñada con intención usa el flujo visual y las pistas semánticas para dejar claro qué es lo importante y qué acción debería seguir.

Para las personas, eso significa navegación intuitiva, llamados a la acción que destacan y contenido fácil de escanear.
Para los bots, significa una jerarquía de encabezados correcta, textos alternativos (alt text) descriptivos y enlaces internos limpios que conectan ideas relacionadas.

Cuando ambos públicos —humanos y algoritmos— pueden avanzar sin fricción desde la entrada hasta la acción, el SEO deja de ser un tema "técnico" aislado y se convierte en una estrategia de experiencia de usuario.

Conclusión sobre UX/UI

UX y UI ya no están "después" del SEO: son parte del SEO.

Una buena interfaz no solo se ve bien; rinde mejor, se posiciona mejor y convierte más rápido.

Ignorar la usabilidad ya no es solo un problema de diseño: es perder visibilidad.

13. El rendimiento es ganancia

La velocidad no es un lujo: es una condición para generar ingresos. En buscadores, las páginas lentas pierden visibilidad; en ventas, las páginas lentas pierden intención. El resultado es el mismo: mayores costos de adquisición y menor eficiencia en la conversión. El rendimiento es el multiplicador que hace que todas las demás inversiones, marca, contenido, pauta, trabajen mejor.

Lo que el rendimiento realmente mide

No necesitas los detalles técnicos. Lo que importa es si las personas reales experimentan páginas que cargan rápido, se mantienen estables y responden casi de inmediato. Cuando eso ocurre, la interacción sube y el posicionamiento mejora. Cuando no, las señales de rebote se acumulan, la visibilidad orgánica se erosiona y el presupuesto de pauta termina subsidiando lo que el tráfico orgánico debería sostener.

El costo compuesto de la lentitud

La lentitud es un impuesto silencioso que se paga todos los días que el sitio rinde por debajo de lo esperado. No aparece en el estado financiero, pero se acumula en marketing, ventas y experiencia del cliente. Cada demora cuesta atención; cada segundo perdido cuesta conversiones.

Cuando las páginas tardan demasiado en cargar, las personas ven menos páginas por sesión, y con ello se reducen las oportunidades de persuadir o convertir. A medida que baja la interacción, se debilitan las señales de posicionamiento y se reduce la visibilidad orgánica. Con menos participación orgánica, el presupuesto de marketing se mueve hacia campañas pagadas para recuperar terreno, elevando el costo de adquisición y erosionando márgenes.

El patrón es predecible: la deuda de rendimiento se convierte en deuda financiera. Por eso la velocidad del sitio termina viéndose en finanzas, no solo en ingeniería.

Palancas de liderazgo que impulsan el rendimiento

La velocidad no mejora porque una persona de desarrollo "le eche más ganas"; mejora cuando la dirección la convierte en prioridad. Cuando el rendimiento se trata como un estándar de negocio y no como un deseo técnico, se vuelve responsabilidad de todos.

Quien realmente tiene las palancas del cambio es el liderazgo. Al definir qué significa "rápido" para la marca, establecer expectativas claras y exigir rendición de cuentas, la dirección decide cuánto valora el tiempo, el del cliente y el de la propia organización.

Los equipos que mantienen sitios de alto rendimiento tienen algo en común: atención de liderazgo. Los proyectos avanzan más rápido, las decisiones se vuelven más precisas y los sacrificios se vuelven explícitos cuando el rendimiento es innegociable. Cuando la regla es sencilla, "no desplegamos nada que nos vuelva más lentos", toda la cultura se ajusta.

Todo empieza con la intención.

Cuando los líderes integran el rendimiento en la gobernanza del negocio—revisado junto con presupuestos, conversiones y métricas de campaña, deja de ser un tema de fondo. Se convierte en una ventaja competitiva.

La excelencia en rendimiento no se logra solo con revisiones de código. Se logra con prioridades claras, lanzamientos disciplinados y una organización que entiende el costo oculto de la demora.

Patrones comunes que frenan el rendimiento en empresas

Reconócelos antes de que se conviertan en partidas en tu presupuesto:

- **"Diseño premium" que en realidad es sobrecarga.** Videos en autoplay en el hero, imágenes gigantes, bibliotecas de animaciones apiladas: gran demo, mala entrega.

- **Crecimiento descontrolado de scripts.** Mapas de calor, chat, tag managers, herramientas de prueba A/B, capas de analítica: cada uno pesa poco, juntos vuelven al sitio lento.

- **Landing pages sueltas.** Páginas de campaña que no usan componentes comunes y reintroducen el "bloat" que ya habías resuelto en otras partes del sitio.

- **Amnesia de rediseño.** Nuevo look, rutas perdidas: enlaces internos rotos, plantillas cambiadas, assets más pesados; las posiciones caen sin un "culpable" evidente.

Dos escenarios de liderazgo para orientar decisiones

- **Relevante pero lento.** La página responde bien a la búsqueda, pero tarda cinco segundos en mostrar algo útil. La intención existía, el tráfico llegó, pero la experiencia lo convirtió en frustración antes de que pudieras servirlo.

- **Rápido pero superficial.** La página carga al instante, pero ofrece poco valor y la gente regresa al buscador. La velocidad abrió la puerta; el contenido no dio motivos para quedarse.

Ambos escenarios envían la misma señal: la intención no fue satisfecha. Las soluciones son distintas; el riesgo para el negocio es el mismo.

Qué preguntar — y en qué insistir

- **"Muéstrame la realidad en campo."** ¿Qué porcentaje de sesiones cumple nuestro objetivo de experiencia en dispositivos y redes reales?

- **"¿Cuáles son las plantillas más pesadas?"** ¿Qué componente o proveedor explica el 20 % principal de la carga?

- **"¿Qué es lo próximo que se publica y reduce el peso total?"** La optimización es una hoja de ruta, no un reporte: ¿cuál es el siguiente lanzamiento que mejora el tiempo de carga?

- **"¿Qué eliminamos?"** La disciplina es restar. Cada mes, ¿qué scripts o assets retiramos?

El resultado final en rendimiento

El rendimiento no es una métrica de desarrolladores; es una palanca de margen. Las páginas rápidas consiguen mayor visibilidad orgánica, convierten la intención a menor costo y reducen la dependencia de medios pagados. Trate la velocidad como una regla operativa permanente, no como un proyecto aislado.

Una vez que el rendimiento sostiene la capacidad de descubrir tu sitio, el siguiente reto es mantener la atención. La velocidad abre la puerta, pero el contenido decide si las personas se quedan. La siguiente sección explica por qué la estrategia de contenidos no es "tener un blog", sino estructurar información que los buscadores puedan entender y que la gente considere digna de su tiempo.

La estrategia de contenidos no es bloguear

La mayoría de las empresas confunden producción de contenidos con estrategia de contenidos. Publicar con frecuencia no es lo mismo que publicar con propósito. La estrategia define por qué existe un contenido, qué debe lograr y cómo encaja en el ecosistema más amplio de búsqueda, marca y conversión.

Una buena estrategia de contenidos no persigue palabras clave; aclara el valor. Posiciona cada página para atender una intención, servir a una etapa del journey y ganar visibilidad medible. La producción de contenidos llena espacio. La estrategia de contenidos construye valor SEO.

La diferencia entre producción y estrategia de contenidos

La producción de contenidos responde: "¿Qué vamos a publicar después?"

La estrategia de contenidos responde: "¿Por qué vamos a publicar esto y cómo contribuye a nuestros objetivos de visibilidad?"

La distinción importa. Un calendario editorial sin estrategia es solo ruido a escala. Cada pieza de contenido debería tener:

- Una audiencia e intención definidas.

- Un rol medible dentro del embudo.

- Conexiones internas que refuercen la autoridad temática.

- Datos estructurados que señalen su significado a los motores de búsqueda.

Sin esa alineación, incluso la agenda de publicación más activa no logra que los resultados se compongan ni escalen.

Cuando publicar se vuelve ruido

Una marca reconocida pasó trece años publicando artículos "de tendencia" en su blog: más de mil piezas. Ninguna estaba alineada con sus productos ni con los recorridos reales de sus compradores. Ese contenido no cerraba brechas competitivas, no fortalecía su autoridad de categoría y nunca se conectaba con una intención de búsqueda real. En papel, parecía prolífica. En la práctica, hundió a la marca.

El tráfico del blog creció año tras año, dando la ilusión de éxito. Las gráficas iban hacia arriba y la dirección celebraba el crecimiento. Pero la audiencia que atraía tenía poco que ver con su mercado. Las personas llegaban por temas pasajeros, no por productos ni soluciones. Las sesiones subían mientras los prospectos calificados, las consultas y las conversiones se quedaban igual. La marca se volvió popular, pero no rentable.

Con el tiempo, los costos ocultos se acumularon. Cientos de posts irrelevantes diluyeron el enfoque del sitio, enterraron páginas importantes y confundieron tanto a los buscadores como a los lectores. Los stakeholders se resistían al cambio; la idea de borrar años de trabajo parecía un desperdicio. Pero el verdadero desperdicio era dejar que ese contenido siguiera pesando sobre la marca. La dirección no vio la desconexión porque el volumen se sentía como inercia.

Esta es la diferencia entre producción de contenidos y estrategia de contenidos. La producción llena un calendario. La estrategia construye valor SEO y trae conversiones.

Calificación de la optimización on-page

Para ayudar a la dirección a entender cómo se ve algo "bien hecho", este libro introduce un marco de evaluación que cuantifica la calidad del SEO on-page sin requerir profundidad técnica. Evalúa los elementos visibles y estructurales que influyen en la capacidad de descubrimiento, la claridad y la interacción: desde los metadatos hasta el flujo de diseño.

El marco considera dieciséis factores, cada uno ponderado por impacto: desde elementos básicos como el Título de Página y la Etiqueta H1, hasta aspectos orientados al interacción como el Enlazado Interno, las secciones de Preguntas Frecuentes (FAQ) y el enfoque en la conversión.

La meta no es sacar una calificación perfecta. Es hacer visibles las brechas. Los ejecutivos no necesitan saber cómo arreglar un marcado de schema o reescribir un H2; lo que necesitan es entender por qué esos elementos importan y si sus equipos los están tratando como parte de un sistema.

Presentación del modelo de calidad on-page

El Modelo de Calidad On-Page es un marco de diagnóstico: una rúbrica que traduce la calidad de una página en señales medibles de madurez. Une estructura, intención y desempeño en una sola lente de evaluación, dándole a los líderes una forma compartida de alinear equipos creativos, técnicos y estratégicos alrededor de una misma definición de calidad.

No es una herramienta de software; es un método de evaluación. Cada elemento, título, meta descripción, encabezados, enlaces, schema y más, representa un factor necesario para la visibilidad. Pero la simple presencia de esos elementos no garantiza resultados. **La calidad de sus valores importa aún más.** Títulos que no reflejan la intención, enlaces que no apoyan la relevancia o schema que no coincide con el contenido real reducen la madurez de una página.

En otras palabras, la rúbrica mide no solo si los componentes de SEO existen, sino si están implementados de acuerdo con buenas prácticas. La ponderación por impacto ayuda a identificar qué elementos están contribuyendo más a la visibilidad y cuáles la están frenando.

Piensa en esto como **una radiografía de contenido**: no te dice qué publicar después; te muestra qué está impidiendo que el contenido que ya tienes alcance su verdadero potencial.

Por qué el modelo de calidad on-page importa para el liderazgo

La rúbrica existe porque los ejecutivos necesitan visibilidad sobre la calidad sin depender de reportes llenos de jerga técnica. Ayuda a cambiar la conversación de SEO del volumen al valor. En lugar de "publicamos diez artículos", la pregunta pasa a ser: "¿cuántos de ellos cumplen con los estándares de descubrimiento orgánico, claridad y alineación con la intención de búsqueda?"

Ese cambio transforma el SEO de un ejercicio creativo a un sistema medible de mejora continua.

Elemento	Peso revisado	Impacto en la visibilidad
Título de página	13 pts	Activador principal de SEO; es lo primero que se rastrea y se muestra en los resultados de búsqueda. AEO/GEO: los títulos concisos y guiados por la intención se usan con frecuencia como anclas de resumen o de cita.
Etiqueta H1	10 pts	Indicador central en la página para la alineación temática; refuerza el enfoque principal del contenido.

Elemento	Peso revisado	Impacto en la visibilidad
Meta descripción	11 pts	Motor de clics (CTR); complementa el título y genera confianza. AEO/GEO: los buenos resúmenes suelen aparecer como texto de snippet o como pasajes base.
Slug de la página (URL)	7 pts	Afecta la capacidad de rastreo, la señal de palabra clave y la claridad de la estructura.
Ubicación de la palabra clave principal (temprana y natural)	8 pts	Aclara la relevancia y el contexto de posicionamiento.
Palabras clave de apoyo y semántica	4 pts	Refuerzan la profundidad temática y la cobertura de entidades (útil para una comprensión más amplia, pero secundario).
Profundidad del contenido (satisfacción de la consulta)	7 pts	Determina si la cobertura es completa o superficial. AEO: aumenta la probabilidad de respuestas directas y fragmentos enriquecidos.

Elemento	Peso revisado	Impacto en la visibilidad
Etiquetas H2–H4 (estructura y flujo)	5 pts	Mejoran la capacidad de escaneo y el potencial de resultados destacados. AEO: los encabezados ayudan a los motores a segmentar y extraer secciones listas para responder.
Enlazado interno	4 pts	Distribuye autoridad; aclara las relaciones entre temas.
Enlaces externos	2 pts	Aportan credibilidad y contexto; refuerzan las señales de confianza.
Sección de preguntas frecuentes (FAQ)	4 pts	Captura preguntas de cola larga y dudas frecuentes. AEO: los bloques de preguntas y respuestas se mapean con claridad a los motores de respuesta.
Marcado de esquema (datos estructurados)	10 pts	Contexto legible por máquinas que habilita resultados enriquecidos. AIO/AEO/GEO: es la señal técnica más fuerte para significado, entidades y relaciones.

Elemento	Peso revisado	Impacto en la visibilidad
Optimización de recursos	3 pts	Mejora la UX, la accesibilidad y la eficiencia de rastreo. Incluye la optimización de imágenes, videos y recursos descargables. Apoya AIO/GEO al facilitar cómo los buscadores y motores generativos interpretan contenido visual y archivos.
CTA/enfoque en conversión	3 pts	Impulsa resultados; mejora las señales de interacción.
Optimización para móvil	3 pts	Base para la usabilidad y la visibilidad en entornos mobile-first.
Core Web Vitals	3 pts	Velocidad, estabilidad y respuesta basadas en usuarios reales; respaldan la interaccióny la visibilidad sostenida.
Experiencia de usuario global (diseño, claridad, flujo)	3 pts	Mejora el tiempo en página y reduce el "pogo-sticking" (volver atrás al buscador).

Tool tip: *Answer engines*
Subconjunto de motores de IA diseñados específicamente para ofrecer respuestas sintetizadas a las consultas de búsqueda, a

menudo directamente en los resultados sin que el usuario tenga que hacer clic. Sistemas como SGE y Perplexity funcionan de esta manera. Para aumentar tus posibilidades de aparecer allí, utiliza una estructura clara, contenido realmente útil y marcado con schema.

El Modelo de Calidad On-Page convierte lo que antes era subjetivo en algo medible. Deja al descubierto dónde existe calidad, dónde falla y en qué puntos la mejora tendrá mayor impacto. Cuando los equipos creativos, técnicos y de liderazgo evalúan el contenido bajo el mismo lente, el SEO se convierte en una disciplina de claridad, no de debate.

Cada página de un sitio web cuenta una historia sobre qué tanto la organización entiende a su audiencia, sus productos y su propósito. El objetivo no es solo publicar, sino comunicar la relevancia con tanta claridad que tanto las personas como las máquinas puedan reconocer el valor.

Con la estrategia alineada y la calidad hecha medible, el siguiente paso es asegurarse de que la entrega esté a la altura de la intención. Incluso el contenido más valioso fracasa si no es rápido, estable y accesible. Ahí es donde el rendimiento, y cada recurso que lo soporta, se convierte en la siguiente capa de ventaja.

14. Velocidad, recursos y optimización de imágenes

Cuando una empresa invierte fuerte en contenido pero descuida sus recursos, el mensaje rara vez alcanza su verdadero potencial. Cada elemento de la página— imágenes, PDFs, videos e incluso widgets incrustados— tiene su propio peso en SEO. En conjunto, esos elementos pueden reforzar tu visibilidad o diluirla silenciosamente.

En muchas organizaciones, el SEO termina en "publicar". Los equipos de contenido optimizan títulos y palabras clave, pero los recursos subyacentes siguen siendo pesados, mal etiquetados o invisibles para los motores de búsqueda. El resultado: descubrimiento lento, poca interacción y oportunidades perdidas que nadie vincula con la causa real: los propios recursos.

Cómo los recursos cierran la brecha invisible

Los motores de búsqueda no solo leen palabras; evalúan cómo se entrega la información. Los recursos optimizados cierran la brecha entre lo que dices y cómo se desempeña.

- Una imagen ligera permite que tu contenido cargue casi al instante y mantiene a los usuarios el tiempo suficiente para leerlo.

- Un archivo correctamente etiquetado (con nombres de archivo descriptivos y buen texto ALT) le da a los buscadores un contexto preciso, convirtiendo lo visual en datos estructurados y rastreables.

- Un PDF optimizado permite que tu contenido aparezca como un recurso independiente en los resultados de Google, ampliando la capacidad de descubrimiento más allá de la página donde vive.

- Un video incrustado con metadatos aumenta el tiempo en página y suma otro punto de contacto indexado que refuerza tu autoridad.

Cuando esas señales se alinean, el contenido deja de ser un conjunto de páginas aisladas y empieza a funcionar como un sistema conectado y rico en datos. Ahí es donde ocurre la visibilidad compuesta.

El valor de negocio del SEO a nivel de recursos

La optimización de recursos protege el retorno de inversión de la creación de contenido. Sin ella, el costo de producir blogs, visuales y materiales descargables se multiplica mientras su alcance se reduce.

El SEO a nivel de recursos garantiza que:

- **El contenido llegue a más canales.** La búsqueda de imágenes, YouTube y los motores de IA cada vez toman más de medios estructurados, no solo de texto.

- **Mejore la eficiencia de rastreo.** Los motores de búsqueda procesan las páginas más rápido cuando los recursos están bien referenciados, comprimidos y cacheados.

- **Se fortalezcan las señales de marca.** Nombres de archivo, metadatos y pies de foto consistentes refuerzan tu identidad como entidad en distintas plataformas.

- **Aumenten las métricas de interacción.** Los medios que se renderizan más rápido mantienen a los usuarios activos por más tiempo, mejorando las señales de comportamiento que los buscadores observan.

Cada recurso optimizado reduce fricción, cuida el ancho de banda y multiplica la capacidad de descubrimiento. Es la diferencia entre una página que simplemente existe y una página que realmente rinde.

Metadatos: donde la marca y el rendimiento se cruzan

Los metadatos convierten los recursos visuales de algo decorativo en algo estratégico. Con los detalles correctos —**nombre de archivo**, **texto ALT**, **subtítulo** y **datos incrustados dentro del archivo**— una imagen deja de ser solo un visual y se convierte en una señal de marca, rastreable y entendible por las máquinas con mucha precisión.

Piensa en los metadatos como un **empaquetado digital**. Son la etiqueta, la descripción y el origen que acompañan a tu marca adondequiera que aparezca esa imagen. Los **campos IPTC** como autor, copyright, titular, descripción y palabras clave viajan con el recurso entre plataformas, asegurando una atribución consistente y reforzando la identidad de la marca. Los **datos EXIF** — como fecha, dispositivo o ubicación— añaden autenticidad y pueden ayudar a conectar tu contenido con un lugar o evento concreto.

Existen cientos de campos posibles de metadatos, pero solo **alrededor de veinte** influyen realmente en la capacidad de descubrimiento y en el valor SEO. Son los que le dicen a los motores de búsqueda y de IA **quién creó la imagen, qué representa, dónde encaja y por qué importa**. El resto es ruido técnico.

Lo que a menudo se pasa por alto es que la mayoría de los profesionales de SEO jamás tocan los datos EXIF o IPTC. Se quedan en el **nombre del archivo** y el **ALT text**, dejando sin usar señales muy potentes de visibilidad. Para las organizaciones que invierten fuerte en recursos visuales —fotografía de producto, material corporativo, infografías— este paso ignorado representa valor sin explotar.

En una ocasión coordiné la optimización de **más de 6,000 imágenes en un solo día** mediante procesamiento por lotes, incrustando metadatos EXIF e IPTC directamente en cada archivo. El resultado fue medible: esos recursos capturaron **alrededor del 80%**

de la cuota de mercado en Google Image Search para la categoría objetivo. No se trató de manipular algoritmos, sino de hacer que cada imagen fuera identificable, correctamente atribuida y alineada semánticamente con el mensaje de la marca.

Esto no va de convertirte en experto en metadatos, sino de reconocer que **cada recurso que tu empresa publica ya tiene una huella digital**. Cuando esa huella se optimiza, lleva tu marca más lejos en la web. Cada campo incrustado, cada descripción y cada archivo bien nombrado fortalecen el vínculo entre la promesa de tu marca y la manera en que los sistemas de búsqueda e IA la reconocen, la muestran y confían en ella.

CDN y DAM: la infraestructura detrás del SEO a nivel de activos

Detrás de cada experiencia de marca **rápida, consistente y fácil de encontrar** hay dos sistemas poco visibles: la **Content Delivery Network (CDN)** y la **plataforma de Digital Asset Management (DAM)**. Rara vez aparecen en las conversaciones de marketing, pero en silencio determinan si tus recursos realmente funcionan… o solo existen.

Una **CDN** es, en esencia, tu **capa global de entrega**. Guarda copias de tus imágenes, videos y archivos en servidores distribuidos por todo el mundo, asegurando que, cuando alguien visita tu sitio, esos recursos se carguen desde la ubicación más cercana, no desde un único servidor saturado. Esta "simple" decisión de arquitectura elimina la fricción de la distancia. Las páginas se renderizan más rápido, los usuarios se quedan más tiempo y los buscadores recompensan esa experiencia. Para la dirección, una CDN no es un lujo técnico: es **infraestructura que protege cada inversión en marketing**, garantizando que lo que tu equipo crea llegue al cliente de forma rápida y consistente.

El **DAM**, por su parte, gobierna el lado creativo de ese mismo ecosistema. Es el **hub central** donde viven todos los activos de la marca: etiquetados, versionados y organizados. Un buen DAM no solo guarda archivos; **impone disciplina**. Mantiene nombres de archivo consistentes, asegura que los metadatos **EXIF e IPTC** estén correctamente incrustados y automatiza cómo se redimensionan y distribuyen las imágenes a través de campañas. Sin él, los recursos se duplican, se renombran de forma caótica o pierden metadatos, lo que erosiona silenciosamente la **descubribilidad** y la **credibilidad de la marca**.

Juntos, **CDN y DAM** forman la **columna vertebral operativa del SEO a nivel de activos**. La CDN acelera la entrega; el DAM preserva el significado y la consistencia. Una garantiza que tu contenido aparezca rápido; el otro, que aparezca bien. Cuando ambos están alineados, cada imagen, video y archivo que produce tu empresa lleva la misma **velocidad, estructura y claridad** que tu propia marca, convirtiendo una infraestructura invisible en una **ventaja visible**.

Cerrando el círculo entre contenido y desempeño

Cuando la dirección invierte en SEO, el foco casi siempre se pone en el **contenido**, pero son los **activos** los que cargan con gran parte del peso. La optimización de imágenes, la entrega de video y la estructura de archivos es donde lo técnico y lo creativo del SEO se encuentran. Esas optimizaciones convierten una sola página en **múltiples superficies descubribles**.

Para los ejecutivos, la idea clave es sencilla: el contenido te mete al juego, pero los activos optimizados te mantienen visible en todas las plataformas que importan. Ignorarlos es como financiar una campaña de espectaculares en la que la mitad de los anuncios nunca se imprimen.

La **velocidad y los metadatos** no son disciplinas separadas: son dos mitades del mismo sistema. El desempeño asegura que tu contenido se entregue; los metadatos aseguran que se entienda. Cuando ambos se alinean, cada activo —ya sea una imagen, un video o un archivo descargable— se convierte en un contribuidor directo a la **visibilidad, la confianza y la conversión**.

Los ejecutivos no necesitan saber cómo comprimir un archivo o cómo incrustar metadatos, pero sí deben asegurarse de que eso suceda. La ventaja competitiva está en reconocer que estos detalles no son extras técnicos: son el **tejido conectivo entre la creatividad y la capacidad de ser encontrado**.

Cuando la **CDN** de una empresa entrega los activos de forma casi instantánea, el **DAM** impone disciplina de metadatos y cada imagen lleva la información que los motores de búsqueda y los sistemas de IA necesitan para interpretarla, el resultado es una presencia de marca fluida. Las páginas cargan rápido, los recursos visuales aparecen en más plataformas y las inversiones en contenido se **acumulan en lugar de degradarse**.

La mayoría de las empresas invierten fuerte en producir contenido, pero nunca optimizan cómo viaja ese contenido. Ganarán aquellas que entiendan **velocidad y metadatos** no como tareas de "back office", sino como verdaderas **palancas de negocio**. En SEO, la visibilidad empieza mucho antes de una búsqueda: empieza en qué tan bien están construidos tus activos para ser encontrados.

Aprendizajes — Parte III: las capas ocultas que la mayoría de los ejecutivos pasan por alto

Base técnica: donde empieza la visibilidad

La visibilidad en buscadores depende de la infraestructura. Si los motores de búsqueda no pueden acceder o interpretar un sitio, cada inversión en marketing y contenido pierde alcance. Una base técnica sólida habilita el crecimiento de todos los canales.

UX y UI: los verdaderos factores de posicionamiento

La experiencia de usuario ahora impulsa la visibilidad. Una navegación clara, tiempos de carga rápidos y diseños intuitivos influyen directamente en el posicionamiento y en las conversiones. Un buen diseño no solo se ve mejor: **rinde mejor**.

El desempeño como motor de rentabilidad

La velocidad impacta los ingresos. Los sitios lentos reducen la interacción, aumentan la dependencia de la pauta pagada y debilitan los márgenes. Un buen desempeño técnico multiplica la visibilidad y reduce el costo de adquisición.

Estrategia de contenidos: claridad por encima del volumen

Publicar sin una intención clara genera ruido. El contenido genera valor cuando se alinea con la intención de búsqueda y los objetivos del negocio. La **calidad**, no la cantidad, es lo que determina el impacto duradero.

Activos y entrega

Las imágenes, los videos y los archivos moldean cómo una marca es encontrada y percibida. Activos optimizados y consistentes amplían la visibilidad en distintas plataformas y refuerzan la credibilidad.

Idea central

La madurez en SEO viene de la **fortaleza del sistema**, no solo de la habilidad técnica. Una arquitectura limpia, un sitio rápido, contenido con propósito y activos bien estructurados hacen que la marca sea fácil de encontrar, rápida de cargar y valiosa de explorar.

Próximos pasos para líderes y dueños de negocio

- **Reconocer el SEO como infraestructura.** Incluirlo en las revisiones operativas junto con finanzas, tecnología y experiencia del cliente; no tratarlo como un apéndice de marketing.

- **Auditar la salud de visibilidad.** Pedir resúmenes ejecutivos que expliquen accesibilidad del sitio, velocidad y claridad del contenido en términos de negocio, no con jerga técnica.

- **Hacer medible el desempeño.** Definir expectativas a nivel empresa sobre la rapidez y calidad de la experiencia del sitio, igual que se hace con la calidad de servicio o el tiempo activo.

- **Impulsar contenido con propósito.** Aprobar iniciativas solo cuando respondan a una audiencia definida y a una intención estratégica, no solo a un calendario o una moda.

- **Integrar la gobernanza de activos.** Preguntar cómo se almacenan, nombran y distribuyen los activos digitales, porque cada uno es un punto de contacto con la marca.

- **Institucionalizar una cadencia de revisión.** Establecer revisiones trimestrales de visibilidad donde SEO, marketing y producto reporten sobre descubribilidad, interacción y eficiencia de conversión.

PARTE IV: Control, gobernanza y visibilidad

La mayoría de las empresas cree que tener control sobre SEO significa ser dueñas del panel de analítica. No es así. El control real vive en las capas que casi nadie ve: las reglas, los archivos y las señales que le dicen a los motores de búsqueda y a los sistemas de IA cómo interpretar tu marca.

He visto sitios de alto desempeño perder visibilidad de un día para otro, no porque su contenido fuera malo o porque sus equipos no trabajaran, sino porque nadie estaba cuidando esos mecanismos silenciosos. Un cambio en el archivo **robots.txt**, una redirección mal configurada o un sitemap desactualizado pueden borrar años de trabajo. A veces ni siquiera es un error grave: es simple descuido. Cuando nadie es dueño de las reglas, la entropía se encarga del resto.

La gobernanza en SEO es como mantener una **torre de control** para tu presencia digital. Los pilotos, tus equipos de marketing y contenido, pueden ser muy buenos, pero si nadie se asegura de que las rutas estén despejadas y las señales sean correctas, las colisiones y las desapariciones se vuelven inevitables. Cada estructura de carpetas, cada regla de parámetros y cada directiva meta forman parte de ese mapa de vuelo. Cada una determina si tus páginas se indexan, se entienden y se consideran confiables… o si se pierden en la niebla de la web.

Esta parte trata de recuperar ese control.

Vamos a explorar cómo la infraestructura y la indexación moldean lo que los motores de búsqueda realmente ven, cómo el **schema markup** traduce tu experiencia en confianza legible por máquinas, cómo la autoridad se gana con señales genuinas (no con intercambios de enlaces de baja calidad) y cómo tu reputación —en línea y fuera de ella— ancla la credibilidad de tu marca en los resultados de búsqueda.

La gobernanza no es burocracia; es la disciplina silenciosa que mantiene el crecimiento sostenible. Es la diferencia entre un sitio que a veces aparece y una marca que lidera de forma consistente.

Control, gobernanza y visibilidad no son esfuerzos separados: son el marco que protege todo lo que ya construiste. Porque cuando las reglas son claras, los sistemas están alineados y la reputación está bien cuidada, el SEO deja de ser un juego de adivinanzas y se convierte en lo que siempre debió ser: **una ventaja de negocio medible y controlable**.

15. Infraestructura, indexación y gobernanza de IA

La visibilidad empieza justo donde casi ningún líder mira: en las reglas, mapas y manifiestos que le dicen a las máquinas qué es una empresa, qué deben rastrear y qué deben ignorar. El contenido, el diseño y las campañas pueden ser excelentes y aun así rendir por debajo de su potencial cuando la capa de control que está debajo está ausente o mal gestionada.

Una sola directiva puede mover mercados. Una cadena nacional perdió una gran parte de su tráfico orgánico por una sola línea en el archivo **robots.txt** que bloqueó un directorio clave. No hubo actualización de algoritmo, ni problema de contenido: solo un archivo invisible cambiando la forma en que se veía todo el sitio. Esa es la naturaleza de la gobernanza: es silenciosa cuando se hace bien, y dolorosamente ruidosa cuando se descuida.

La infraestructura es el mapa

El diseño de URLs, la jerarquía de carpetas y las reglas de parámetros establecen las relaciones dentro del sitio. Cuando todo eso se va deformando, por rediseños, migraciones o lanzamientos improvisados, las señales se fragmentan. Aparecen patrones duplicados, se desperdicia presupuesto de rastreo y la autoridad se divide entre URLs casi idénticas. Una propiedad clara y un control de cambios disciplinado evitan que la entropía se convierta en estrategia.

La indexación es el permiso

Los motores de búsqueda premian aquello que pueden obtener, procesar e interpretar. Por eso **robots.txt**, los **sitemaps XML**, las **etiquetas canónicas** y las **políticas de redirección** son los porteros de la descubribilidad. Google Search Console es esencial, pero sus paneles solo son tan útiles como la gobernanza que hay debajo: quién es responsable de la cobertura, quién valida las exclusiones y quién aprueba las "reglas del sitio".

La gobernanza de IA es el nuevo perímetro

Más allá de los buscadores tradicionales, los sistemas de IA ahora rastrean, resumen y aprenden del contenido web. Dos conceptos emergentes están dando forma a cómo podría regularse ese acceso en el futuro: **AI.txt** y **LLMs.txt**.

- **AI.txt** se está proponiendo como un "robots.txt para la IA", un posible estándar que permitiría a los editores definir qué pueden acceder o reutilizar los sistemas de IA.

- **LLMs.txt** se plantea como un archivo complementario: una especie de "menú" estructurado que dirigiría a los modelos de lenguaje hacia resúmenes breves y aprobados en lugar de hacia el contenido completo.

Ambos siguen siendo propuestas, no estándares. Para ser precisos: **hasta el tercer trimestre de 2025**, ni AI.txt ni LLMs.txt se han adoptado formalmente ni se aplican de manera oficial. Pueden explorarse de forma experimental, pero no son mecanismos en los que se pueda confiar para protección o control.

Mientras eso cambia, **robots.txt** y los controles de acceso del lado del servidor siguen siendo las únicas formas realmente confiables de permitir o bloquear rastreadores, incluidos los relacionados con la IA.

Postura estratégica

La **gobernanza** no es burocracia; es **gestión de riesgo para proteger ingresos**. Se asegura de que la arquitectura siga siendo intencional después de los lanzamientos, de que la indexación refleje las prioridades del negocio y de que el acceso de la IA esté alineado con el modelo de monetización.

Algunas organizaciones decidirán bloquear a la mayoría de los rastreadores de IA para proteger páginas que dependen de publicidad; otras preferirán publicar resúmenes controlados para fomentar la atribución y el tráfico de referencia. La decisión correcta depende del **modelo de negocio**, no de una postura ideológica.

Schema y resultados enriquecidos

Los sitios web modernos se construyen pensando en las personas, no en los rastreadores... y ahí es justamente donde se rompe la visibilidad. Muchas funciones diseñadas para mejorar la experiencia del usuario bloquean, sin querer, lo que los motores de búsqueda y los sistemas de IA pueden ver.

Por ejemplo, ciertas funciones en **JavaScript** pueden impedir que el contenido se cargue de una forma legible para las máquinas, aunque para el usuario se vea perfecto. El **marcado con schema** hace justo lo contrario: resalta la información clave en un formato que los buscadores entienden, aumentando las probabilidades de que tu contenido sea indexado, citado o aparezca destacado en los resultados.

Imagina una página de comercio electrónico que invita al visitante a "Seleccionar un modelo para ver el precio".

Los precios no están escritos directamente en el HTML de la página; viven en una base de datos. Cuando el usuario elige una opción, una función de JavaScript se ejecuta en segundo plano, trae el precio y lo muestra de forma dinámica.

Para una persona, esa interacción se siente instantánea. Para un **rastreador**, no pasó nada.

Los motores de búsqueda y los motores de IA no "hacen clic" en botones, no despliegan menús, no ejecutan scripts. Leen el **HTML estático** y los **datos estructurados** que existen antes de cualquier interacción del usuario. Si el precio, el nombre del producto o la descripción no están presentes en esa capa base, el rastreador no puede indexarlos ni entenderlos, por muy bien que funcione el sitio para tus visitantes.

Por eso importa el **Server Side Rendering (SSR)**: garantiza que el contenido clave se entregue en el HTML inicial, en lugar de esconderlo detrás de JavaScript que se carga después.

Esta brecha entre lo que ven los usuarios y lo que ven las máquinas es uno de los problemas de visibilidad más comunes y más costosos. Es la razón por la que tantos sitios pierden tracción orgánica aun teniendo buen diseño y buena UX.

El marcado con schema cierra esa brecha

Al declarar la información explícitamente en un formato legible por máquinas, el schema se asegura de que los motores de búsqueda puedan "ver" el producto, el precio, la oferta e incluso la disponibilidad, sin tener que disparar el JavaScript que usan los humanos. No es un truco; es una **capa de traducción**.

Cuando los datos estructurados describen lo que el usuario vería después de una interacción, esa información se vuelve **descubrible** e **indexable**. El producto pasa a ser elegible para fragmentos con precio, la empresa para resultados enriquecidos, y la página para resúmenes más precisos en motores de IA.

Piensa en el schema como **contexto a escala**:

- Dice a las máquinas cuándo una página habla de una **persona** y no de una empresa.

- Distingue un **servicio** de un **producto**, y una **reseña** de un párrafo cualquiera.

- Define las **FAQs** como contenido de ayuda, los **eventos** como algo puntual en el tiempo y los **artículos** como fuentes originales.

Ese contexto es el que alimenta los **resultados enriquecidos**: listados mejorados que muestran imágenes, valoraciones, FAQs, detalles de producto o fragmentos destacados en la parte superior de los resultados. No son adornos visuales; son **multiplicadores de conversión**.

Una página bien estructurada gana visibilidad y credibilidad al mismo tiempo, enviando la señal de que la marca detrás de ese contenido es **autorizada** y **transparente**.

Para las empresas que dependen del descubrimiento orgánico, el marcado con schema se convierte en una forma de defensa competitiva. Ayuda a garantizar que, cuando los motores de IA generan resúmenes de información, tu marca se mantenga como fuente de referencia principal, y no solo como una mención más. A medida que los resúmenes generados por IA y las respuestas por voz dominan cada vez más los resultados, los datos estructurados son lo que permite que una marca siga siendo visible en entornos de búsqueda con "cero clics".

Sin embargo, el schema solo es eficaz cuando se usa de forma estratégica. Un marcado exagerado o el uso de tipos de schema incorrectos pueden **confundir a los motores de búsqueda** en lugar de aclararles el contexto. La dirección debería ver el schema como una forma de **gobernanza**, no como un adorno. Representa un compromiso intencional con la precisión, la transparencia y la credibilidad legible por máquinas.

En términos de negocio: el marcado con schema garantiza que la información de tu empresa no solo se publique, sino que también sea entendida, confiable y mostrada en el momento correcto dentro del recorrido del cliente. A alto nivel, cada elemento visible en una página debería tener su contraparte estructurada. Cuando ese mapeo es intencional, tu sitio web deja de ser una colección de páginas y empieza a funcionar como un **grafo de conocimiento sobre tu empresa**.

Elemento on-page	Relación con datos estructurados	Impacto para liderazgo (AIO/AEO/GEO)
Preguntas frecuentes (FAQs)	FAQPage vinculado como mainEntity de la página	Mejora la claridad temática y captura respuestas directas para los motores de respuesta (AEO); ofrece a los motores de IA pares de pregunta/respuesta limpios que pueden citar (AIO). Las FAQs con contexto de ubicación pueden reforzar la intención local (GEO).
Indicaciones y datos de contacto	LocalBusiness, Place, PostalAddress, GeoCoordinates	Garantiza que asistentes y mapas muestren la dirección correcta, horarios y teléfono (GEO). Datos NAP claros

Elemento on-page	Relación con datos estructurados	Impacto para liderazgo (AIO/AEO/GEO)
		y consistentes mejoran la confianza de las máquinas y el ruteo de asistentes (AIO/AEO).
Formularios de contacto y CTAs	Anidados bajo Service, Offer u Organization (con propiedades como url, potentialAction)	Vuelven descubribles las rutas de conversión para que los asistentes puedan mostrar directamente "cómo contactar/reservar" (AEO) y preservar la atribución en respuestas de IA (AIO). CTAs localizados refuerzan acciones basadas en proximidad (GEO).
Autores y expertos	Person anidado bajo Article/NewsArticle (con sameAs, credenciales)	Refuerza las señales de Experiencia/Especialización usadas por IA y motores de respuesta para selección de fuentes y atribución (AIO/AEO). Puede combinarse con páginas de experticia local cuando aplique (GEO).

Elemento on-page	Relación con datos estructurados	Impacto para liderazgo (AIO/AEO/GEO)
Señales de E-E-A-T en general	Person, Organization, Review vinculados a biografías reales, premios, perfiles	Convierte la confianza en visibilidad duradera: los asistentes prefieren fuentes creíbles (AIO) y los motores de respuesta elevan entidades autorizadas (AEO). Reseñas y valoraciones locales fortalecen la relevancia por proximidad (GEO).
Contenido en sí mismo	Article, Product, Service, Event, HowTo, VideoObject (declarado como mainEntity)	Define el propósito de la página para que los motores de respuesta la elijan como mejor coincidencia (AEO) y los motores de IA puedan resumir con atribución correcta (AIO). Añadir contexto de lugar/región cuando corresponda mejora la calidad del ajuste local (GEO).

En la mayoría de los casos, el **marcado con Schema** tiene que estar personalizado. Existen miles de tipos y propiedades de Schema, y cada una debe elegirse y estructurarse de forma que refleje tu contenido real, tu modelo de negocio y tu estructura de personas y equipos. El código generado automáticamente rara vez logra ese nivel de precisión: suele representar mal las relaciones, duplicar datos u omitir el contexto del que dependen las máquinas para establecer confianza.

Para asegurar una alineación completa entre lo que se ve en la página y su representación estructurada, una **persona experta en Schema** debería revisar, o idealmente escribir, tu marcado. No se trata de añadir complejidad, sino de proteger la claridad. Un Schema bien implementado convierte tu sitio web en un reflejo consistente y legible por máquinas de tu negocio, que los motores de búsqueda, los asistentes de IA y los answer engines pueden **entender, atribuir y recompensar**.

16. Construcción de enlaces (link building) vs. construcción de autoridad (authority building)

Durante muchos años, el SEO estuvo obsesionado con los backlinks: mientras más tuviera un sitio, mejor posicionaba. Funcionó por un tiempo. Luego internet maduró, y los motores de búsqueda también. Hoy, los algoritmos evalúan no solo quién te enlaza, sino **por qué** y **cómo** esas señales se conectan con la reputación global de tu marca.

Link building es mecánico. La construcción de autoridad es relacional.
Lo primero se puede comprar; lo segundo tiene que ganarse.

El problema de perseguir enlaces

Las campañas tradicionales de link building suelen tratar los enlaces como una mercancía: pagar por una mención, intercambiar un guest post o publicar en directorios y dar por hecho que eso es progreso. Pero los motores de búsqueda ya aprendieron a distinguir la popularidad fabricada de la credibilidad genuina. Los enlaces artificiales, aunque estén bien disfrazados, erosionan la confianza con el tiempo y llaman la atención de los algoritmos de control.

Una llegada repentina de backlinks de baja calidad, de fuentes irrelevantes o de redes de "granjas de enlaces" no comunica autoridad, comunica manipulación. Es importante que liderazgo entienda que el **volumen de enlaces ya no es un indicador útil**. Lo que importa ahora es la **confianza contextual**: que esos enlaces provengan de fuentes relevantes, confiables y autorizadas, alineadas con el propósito de tu marca.

Autoridad en la era moderna

La autoridad moderna se construye con las mismas cualidades que generan confianza entre personas: **experiencia, transparencia y consistencia**. Los motores de búsqueda miden estas cualidades a través del marco de **E-E-A-T: Experience, Expertise, Authoritativeness, Trustworthiness** (Experiencia, Especialización, Autoridad y Confiabilidad).

- **Experiencia:** ¿Demuestras conocimiento de primera mano sobre tu sector o producto?

- **Especialización:** ¿Tu contenido está escrito o revisado por profesionales competentes?

- **Autoridad:** ¿Otras fuentes creíbles reconocen o citan a tu marca?

- **Confiabilidad:** ¿Tu negocio es transparente, preciso y bien valorado?

Las marcas con alta autoridad **ganan enlaces de forma natural**, sin perseguirlos. Menciones en medios, citas en directorios serios, alianzas, participación en investigaciones y una presencia activa en redes se combinan en una huella digital que refleja confianza real. Los motores de búsqueda leen esa huella como un reflejo de reputación, no como una táctica de optimización.

Las nuevas señales de autoridad

Hoy la autoridad va mucho más allá de los backlinks tradicionales:

- **Señales de reputación:** Perfiles de autor verificados, información de la empresa consistente y reseñas conectadas mediante datos estructurados.

- **Citas y menciones:** Referencias en medios del sector, eventos o noticias locales; el enlace es opcional, la credibilidad no.

- **Contenido experto:** Artículos, videos y entrevistas que generan menciones orgánicas de colegas, instituciones y organizaciones relevantes.

- **Alineación entre Redes Sociales y PR:** Relaciones públicas, presencia de marca y liderazgo de opinión que refuerzan tu posición como referente en tu temática.

En esencia, los motores de búsqueda y los sistemas de IA utilizan **toda tu huella digital** para medir confianza. Los backlinks son solo una pieza más dentro de esa red.

Perspectiva de liderazgo

Las personas ejecutivas no deberían preguntar:
"¿Cuántos enlaces conseguimos este trimestre?"

La pregunta correcta es:
"¿Qué estamos haciendo para que otros quieran referirse a nosotros?"

La autoridad no es una táctica de marketing: es el resultado natural de una **credibilidad real**. Nace de la profundidad en el tema, la transparencia operativa y un mensaje consistente en todos los canales.
Las marcas con alta autoridad no necesitan tantos enlaces, porque ya construyeron la confianza que esos enlaces intentan representar.

Si tu empresa tiene un departamento de **Relaciones Públicas (PR)**, ya tienes una mina de oro para SEO. PR y SEO comparten la misma base: **credibilidad, visibilidad e influencia**. Cada mención en prensa, entrevista o aparición en medios que logra PR puede convertirse en una señal de autoridad ganada, que los motores de búsqueda y los sistemas de IA interpretan como prueba de confianza.

Cuando **SEO y PR colaboran, la autoridad se multiplica**.
PR abre las puertas a medios y publicaciones de alto prestigio; SEO se asegura de que esas menciones estén bien enlazadas, estructuradas y correctamente atribuidas. Juntas, ambas funciones generan un crecimiento medible en visibilidad y confianza de marca, tanto online como offline.

Para el liderazgo, esta es una de las sinergias más subestimadas del marketing moderno. En lugar de operar campañas separadas, alinea a tus equipos de PR y SEO bajo un mismo objetivo: **convertir a tu marca en la experta reconocida de su categoría.**

17.   La reputación es SEO

La reputación no solo influye en cómo las personas perciben tu empresa: también determina cómo los algoritmos la evalúan.

Los motores de búsqueda y los sistemas de IA están diseñados para medir confianza. No pueden leer intenciones, pero sí pueden observar patrones: reseñas, menciones, calificaciones y qué tan consistente aparece la información de tu marca en todo internet.

Por eso la **reputación** se ha convertido en uno de los factores de posicionamiento más poderosos, y menos comprendidos, en el SEO moderno.

La gestión de reputación no es apagar incendios: es arquitectura de confianza

La mayoría piensa en *Reputation Management* como manejo de crisis. En realidad, es una disciplina que construye confianza **antes** de que sea puesta a prueba. Se asegura de que cada señal pública, reseñas, menciones en prensa, conversaciones en redes sociales y alianzas, cuente una historia coherente sobre tu confiabilidad y credibilidad.

Cuando se hace bien, la gestión de reputación se convierte en un activo medible. Las marcas con sentimiento positivo constante, comunicación transparente y participación verificable de sus clientes superan sistemáticamente a las que ignoran este frente. Esas señales no solo atraen clientes: **atraen algoritmos**.

Los motores de búsqueda interpretan esa consistencia como confianza.

Elevan a las marcas confiables en los resultados porque reducen el riesgo para el usuario.

Cómo se manifiesta la reputación en las señales de SEO

- **Menciones en prensa:** La cobertura en medios creíbles valida tu autoridad en el espacio público, amplificando tu visibilidad y tu nivel de confianza.

- **Reseñas:** Las calificaciones y opiniones en Google Business Profile, Yelp y plataformas específicas de tu industria influyen directamente en el posicionamiento local y en el comportamiento de clic.

- **Citas y directorios:** Información de negocio consistente en directorios refuerza tu legitimidad. Las inconsistencias, como direcciones distintas o teléfonos desactualizados, erosionan la confianza.

- **Acreditaciones y sellos del sector (incluyendo BBB):** Señales de terceros, como la calificación en Better Business Bureau o certificaciones verificadas, funcionan como indicadores de calidad reconocidos tanto por usuarios como por sistemas de IA.

- **Atención al cliente:** Responder de forma oportuna y profesional a las reseñas —sobre todo las negativas— demuestra confiabilidad y refuerza la percepción de confianza.

La conexión con Google Business Profile

Para negocios locales y de servicios, el **Google Business Profile** (antes Google My Business) es el corazón de la visibilidad. Ahí se concentran reseñas, datos de contacto, horarios y ubicación real en una sola señal de confianza que Google usa para decidir quién aparece primero en los resultados locales.

Lo que muchos directivos no se dan cuenta es que **las calificaciones influyen en la visibilidad**.

Los perfiles con promedios de reseñas consistentemente altos —sobre todo por encima de **4.5 estrellas**— tienden a aparecer con más frecuencia y en mejores posiciones en los resultados locales y en Google Maps. Calificaciones bajas o irregulares pueden reducir tu visibilidad aun cuando otros factores de SEO estén bien trabajados. En mercados competitivos, esa diferencia puede determinar quién se deja encontrar y quién queda fuera del mapa.

La lógica de Google es simple: cuando los usuarios eligen repetidamente negocios con buenas reseñas, el algoritmo aprende que **confianza y satisfacción** son buenos indicadores de relevancia. Una reputación sólida se convierte, en la práctica, en un factor de posicionamiento.

Información precisa, actualizaciones frecuentes y una interacción genuina amplifican esa señal. Responder reseñas (positivas y negativas), actualizar fotos, mantener horarios correctos y publicar novedades con regularidad refuerza la idea de actividad y confiabilidad: cualidades que tanto los usuarios como los algoritmos recompensan.

Tu perfil no es solo un directorio: es un reflejo vivo de tu **credibilidad**. Cuanto más consistentemente lo cuides, más tratará Google a tu negocio como un resultado preferente.

PR y SEO: el lenguaje compartido de la credibilidad

Las **Relaciones Públicas (PR)** y el **SEO** son dos caras de la misma moneda. PR define la narrativa; SEO mide su impacto digital. Cuando PR consigue cobertura en medios creíbles, SEO se encarga de que esas menciones tengan enlaces, estén bien estructuradas y correctamente atribuidas. Juntas crean un ciclo donde la reputación impulsa el posicionamiento... y el posicionamiento refuerza la reputación.

Los directivos que alinean estrategias de PR, experiencia del cliente y SEO construyen marcas que no solo alcanzan mejores posiciones, sino que **se mantienen** ahí durante más tiempo.

Aprendizajes — Parte IV: control, gobernanza y visibilidad

- **El control vive en las reglas, no en el panel.**
  La visibilidad depende de mecanismos silenciosos —robots.txt, sitemaps, redirecciones, schema y una propiedad clara de cada área—. Cuando esto se desordena, incluso el mejor contenido pierde tracción.

- **La gobernanza evita pérdidas invisibles.**
  Muchos fracasos en SEO vienen de la desatención, no de una mala estrategia. Controles de cambio claros, responsables definidos y protocolos documentados protegen contra el caos después de lanzamientos o migraciones.

- **La infraestructura define lo que las máquinas pueden ver.**
  La arquitectura, los parámetros y las reglas de indexación determinan qué páginas existen

realmente en búsqueda. La gobernanza traduce prioridades de negocio en límites técnicos.

- **El acceso de la IA debe alinearse con tu modelo de negocio.**
  Archivos como **AI.txt** y **LLMs.txt** aún son emergentes, no estándar, pero señalan un giro hacia que los editores controlen su visibilidad ante la IA. La dirección debe decidir si los crawlers de IA son aliados, riesgos... o una mezcla de ambos.

- **La autoridad no se compra, se verifica.**
  La verdadera visibilidad crece a partir de señales consistentes y creíbles en web, PR y reseñas. El conteo de enlaces pierde peso; la confianza permanece.

- **La reputación es el nuevo factor de ranking.**
  Calificaciones, menciones e identidades verificadas influyen en los algoritmos tanto como en los usuarios. Un promedio de 4.5 estrellas hace más que un buen diseño: impulsa descubrimiento.

Próximos pasos para líderes y dueños de negocio

1. **Asignar responsables de las "reglas".**
   Define quién controla robots.txt, sitemaps, redirecciones, schema y access logs. Trátalos como activos críticos de ingresos, no solo como temas técnicos.

2. **Auditar la gobernanza técnica cada trimestre.**
   Revisa cobertura de indexación, mapas de redirecciones, patrones de canónicos y acceso de crawlers de IA. Los pequeños desajustes se acumulan rápido.

3. **Elevar schema y reputación a nivel de KPI de dirección.**
   Da seguimiento a la precisión del structured data y al estado de reseñas públicas junto con ingresos y tráfico. Ambos son señales directas de confianza de marca.

4. **Unificar SEO, PR y experiencia del cliente.**
   Integra reputación, medios ganados y supervisión de SEO bajo una sola estrategia de confianza. La visibilidad llega cuando la credibilidad ya está.

5. **Construir resiliencia con claridad.**
   Documenta cada regla, automatiza la monitorización y alinea los procesos de aprobación de cambios. La estabilidad en SEO ahora es gobernanza operativa, no solo mantenimiento de marketing.

PARTE V: Mentalidad ejecutiva sobre SEO

18. Métricas que importan: señales que engañan

Los ejecutivos suelen ver el SEO a través de dashboards: gráficas de colores, flechas hacia arriba y resúmenes mensuales que se ven tranquilizadores. Pero pocos se detienen a hacer la pregunta clave:
¿Estos números representan progreso real... o solo movimiento?

Es fácil sentirse confiado cuando las **impresiones** suben o el tráfico se dispara después de una campaña. El problema es que **no todo crecimiento es crecimiento significativo**. En SEO, muchas cosas que parecen éxito pueden esconder estancamiento o, peor aún, distracción.

Cuando la visibilidad abre el escenario... pero no cierra el círculo

Las **impresiones** reflejan descubribilidad: cuántas veces tus páginas son elegibles para mostrarse. Un buen **SEO técnico** (arquitectura limpia, indexación, velocidad, datos estructurados) amplía esa visibilidad, por eso las impresiones suelen subir primero.

Pero las impresiones no son resultados. Para convertir exposición en tráfico, el contenido tiene que alinearse con la **intención de búsqueda** y comunicar valor con claridad: ahí es donde los **títulos**, las **descripciones** y la relevancia en la página elevan la **tasa de clics (Click-Through Rate)**.

Y para convertir tráfico en ingresos, la **optimización de la tasa de conversión (Conversion Rate Optimization, CRO)** —claridad de la oferta, flujo de UX, señales de confianza y reducción de fricción— hace el trabajo pesado.

En resumen, de forma sencilla:

- El **SEO técnico** gana la oportunidad de audiencia.

- El **contenido** gana el clic.

- La **CRO** gana el resultado.

La pregunta ejecutiva no es "¿cuántos nos vieron?", sino: **"¿Más personas correctas nos están viendo, eligiendo y tomando acción?"**

Ahí es donde **tráfico de marca vs. tráfico sin marca** se vuelve contexto esencial.

- El **tráfico de marca** —personas que buscan tu empresa o producto por nombre— refleja una conciencia que ya existe. Es valioso, pero no es nueva demanda.

- El **tráfico sin marca**, en cambio, muestra qué tan bien compites por la demanda del mercado: gente que busca el problema que resuelves, no tu logo.

Ambos importan, pero cuentan historias muy distintas sobre tu **crecimiento real**.

Cuando los clics revelan alineación estratégica

La **tasa de clics (Click-Through Rate, CTR)** es uno de los indicadores más claros de **alineación con la intención de búsqueda**: qué tan bien tu mensaje responde a lo que la audiencia realmente está buscando.

Cuando el **SEO técnico** mejora la capacidad de rastreo, la estructura de las páginas o el **schema markup**, las impresiones suelen crecer primero porque el sitio se vuelve más descubrible. Pero los clics no siempre crecen al mismo ritmo. Eso es porque la visibilidad, por sí sola, no gana el clic: lo hacen el contenido y la relevancia del mensaje.

Los **títulos**, las **metadescripciones** y el **contexto en la página** determinan si el usuario percibe tu resultado como la mejor respuesta a su consulta.

También es normal que el CTR baje temporalmente cuando las impresiones crecen más rápido de lo que madura la optimización de contenido. Esto no es un fracaso, es una señal de secuencia: el **SEO técnico abre la puerta**, la **optimización de contenido convence al visitante de entrar**. Los directivos deberían interpretar ese desfase como progreso en movimiento, no como pérdida de rendimiento.

Pero hay otra capa que la dirección debe tener en mente: los **medios pagados pueden interceptar el impulso orgánico**. Si tus campañas pagadas pujan de forma agresiva por las mismas palabras clave de marca o de alta intención para las que ya posicionan tus páginas orgánicas, pueden **restar clics al canal orgánico**, incluso cuando el SEO está mejorando.

El usuario puede ver ambos resultados, pero los anuncios suelen capturar la primera interacción. En los datos, esto puede aparecer como una caída en el CTR orgánico, aunque la causa real no sea un mal SEO, sino **superposición entre canales**.

Entender esta dinámica mantiene alineados a los equipos. El **SEO construye visibilidad duradera**; los **medios pagados aceleran la exposición**. Cuando compiten en lugar de complementarse, distorsionan métricas y decisiones de presupuesto. Para la alta dirección, el **CTR no solo refleja el desempeño del mensaje**, también funciona como un **barómetro de qué tan bien están integrados los canales**.

Cuando la interacción se convierte en la prueba de verdad

Las señales de comportamiento —como el tiempo de permanencia, la tasa de rebote y el *pogo-sticking*— cuentan una historia que la mayoría de los reportes ignora. El tiempo de permanencia mide cuánto tiempo permanecen los usuarios antes de volver a los resultados de búsqueda. La tasa de rebote refleja cuántos se van después de ver solo una página. El *pogo-sticking* —ese comportamiento en el que la persona hace clic en un resultado, regresa enseguida a la búsqueda y elige otro— sugiere insatisfacción con lo que encontró.

Los ejecutivos no necesitan calcular estas métricas, pero sí entender lo que representan: confianza del usuario. Una página que atrae visitantes pero no logra retenerlos está señalando una brecha entre la promesa y lo que realmente entrega. Y ninguna métrica revela esa brecha más rápido que el comportamiento.

Por eso la selección de palabras clave y la arquitectura de contenido tienen un papel tan decisivo en la interacción. Muchas organizaciones compiten consigo mismas sin saberlo: apuntan al mismo tema o a la misma palabra clave en varias páginas. Esa fragmentación diluye la relevancia y confunde a los motores de búsqueda sobre qué página merece posicionarse. En cambio, crear páginas específicas para cada intención construye autoridad temática y atiende una necesidad claramente definida de la audiencia.

Cuando el contenido se organiza de este modo, el resultado es medible: los visitantes encuentran exactamente lo que estaban buscando, el tiempo de permanencia aumenta, la tasa de rebote disminuye y el *pogo-sticking* prácticamente desaparece. Los motores de búsqueda interpretan estas mejoras en la interacción como señales de calidad, reforzando la relevancia de esa página para esa intención. Pero, más importante aún, estos comportamientos reflejan una validación humana real: las personas encontraron valor y dejaron de buscar en otra parte. Para el liderazgo, esa es la prueba definitiva de que SEO, estrategia de contenido y experiencia de usuario están funcionando como un solo sistema.

Cuando los reportes moldean la percepción

La mayoría de las organizaciones miden el éxito de SEO con lo que es fácil de rastrear, no con lo que es estratégicamente útil. El peligro está en confundir actividad con logro: reportar crecimiento de palabras clave en lugar de conversiones, o mejoras de posición sin demostrar expansión real de audiencia.

En etapas de crecimiento, no todas las ganancias de SEO se reflejan donde esperas. Un aumento en la visibilidad orgánica suele desbordarse hacia otros canales: video, PR, redes sociales o incluso tráfico directo. Las personas descubren tu marca a través de la búsqueda, la recuerdan y después regresan sin hacer clic en un resultado orgánico. Esas visitas parecen "directas", pero comenzaron como influencia orgánica. Cuando el liderazgo entiende esta conexión, deja de perseguir métricas aisladas y empieza a valorar la visibilidad compuesta que SEO genera a lo largo de todo el embudo.

Aun así, los datos reales de los reportes importan. Métricas como **expansión de palabras clave**, seguimiento de posiciones, clics, impresiones, CTR, autoridad de dominio e indicadores de interacción, como tiempo de permanencia y tasa de rebote, revelan el **ímpetu de tu motor de SEO**. La conversión sigue siendo la métrica más difícil de medir con precisión porque pocos clientes compran en su primera visita. La mayoría regresará por otro camino una vez que se haya construido la confianza. Eso no es un fallo de atribución: es la forma en que realmente se comportan las audiencias.

Como líder, tu objetivo no es memorizar cada métrica, sino interpretar qué significan dentro de tu modelo de negocio. Las métricas son lentes, no verdades absolutas. Cuanto mejor entiendas su contexto, más rápido podrás separar los indicadores que construyen **equidad de marca a largo plazo** de aquellos que solo decoran reportes.

La madurez en SEO comienza cuando la dirección deja de preguntar: "¿Qué hizo SEO este mes?" y empieza a cuestionar: "¿Dónde está creando SEO visibilidad y reconocimiento duraderos en todos los canales?" El verdadero progreso no depende de cuánto puedes medir, sino de qué tan bien tu medición refleja la realidad.

19. Alinear el SEO con la visión de la empresa

Seguramente ya lo viviste: una nueva página de producto, una landing de campaña o un post de blog se publica porque un equipo necesita sacar algo rápido... pero está desconectado del posicionamiento de marca y de la intención de la audiencia. No posiciona para nada, se pisa con contenido existente y fragmenta la autoridad. Luego llaman a SEO para que lo "bendiga" antes del lanzamiento. Eso no es estrategia; es retrabajo disfrazado de avance.

La verdadera alineación empieza cuando la dirección trata el **SEO como el sistema operativo de la visibilidad**, no como una lista de chequeo final. **SEO tiene que estar presente desde que la idea entra en producción**: cuando se planean nuevas líneas de negocio, cuando se define un rediseño o cuando se propone entrar a un nuevo mercado. Involucrar SEO desde el inicio evita invertir en vano, protege la autoridad del dominio y hace que los resultados se multipliquen entre canales.

Qué posee cada equipo (sin supervisión excesiva, solo claridad)

- **Estrategia (Dirección ejecutiva + Líder de SEO)**

  o Definir los resultados de negocio que SEO debe apoyar (demanda calificada, menor costo de adquisición, confianza de marca).

  o Aprobar la **hoja de ruta de SEO** y hacer cumplir el principio de "SEO primero, no al final" en cada iniciativa digital.

- o Proteger contra la canibalización de contenido y asegurar una **propiedad clara de cada página**.

- **Experiencia (Contenido + Diseño/UX)**

  - o Alinear cada página con **una sola intención de usuario y una acción clara**.

  - o Usar una estructura y jerarquía consistentes para fortalecer las señales de interacción.

  - o Mantener la credibilidad de los autores y las fuentes actualizadas.

- **Plataforma (Ingeniería + Analítica + Legal)**

  - o Preservar **rastreabilidad, indexación y desempeño** en cada release.

  - o Mantener una segmentación de datos precisa (búsquedas de marca vs. sin marca, conversiones asistidas, visitas de retorno).

  - o Revisar con anticipación para evitar cambios de última hora que debiliten la alineación con la intención.

- **Reputación y demanda (Relaciones Públicas/Comunicaciones + Medios Pagados + Ventas/Atención al Cliente)**

  - o Dirigir la cobertura y las campañas hacia páginas canónicas que refuercen la **autoridad temática**.

o Evitar invertir en términos orgánicos de alto rendimiento sin un propósito estratégico claro.

o Compartir insights de **voz del cliente** para guiar el posicionamiento y afinar el contenido.

Cuando cada grupo entiende su rol, **SEO deja de ser una tarea de un departamento y se convierte en un sistema de desempeño compartido**. Pero la claridad sirve de poco sin el factor tiempo. En muchas empresas, SEO sigue entrando al proyecto después de que ya se tomaron las decisiones: cuando los nombres de productos, campañas o arquitecturas del sitio están cerrados. En ese punto, SEO solo puede mitigar riesgos, no diseñar oportunidades.

No es un problema de personas, es un problema de proceso. Una cultura reactiva trata al SEO como validador; una cultura estratégica lo integra como constructor.
Por eso, el siguiente cambio es tan crítico.

Deja de "bendecir" el trabajo al final: mueve SEO al inicio

En la mayoría de las organizaciones, SEO sigue siendo el último en enterarse de:

- Nuevas líneas de productos o servicios

- Nuevas secciones del sitio o páginas de negocio

- Entrada a nuevos mercados o adquisiciones

- Rediseños de sitio o cambios de navegación

- Migraciones de dominio, cambios de marca o cambios de CMS

- Cambios en analítica, etiquetado o plataformas de privacidad

Cuando SEO llega tarde, la estrategia se vuelve un parche: sin análisis de brechas de contenido, sin prevención de solapamientos, sin mapeo de autoridad, sin plan de interlinking. El problema no se resuelve con más juntas, sino con **un ciclo de gobernanza ligero** que traiga a SEO al inicio de cada iniciativa, manteniendo la velocidad sin sacrificar estrategia.

Un ciclo de gobernanza simple y duradero

Un sistema de SEO sano no frena a los equipos; **les da dirección**. La meta no es crear más reuniones, sino instalar un ritmo predecible que mantenga la visibilidad en foco desde el concepto hasta el lanzamiento. Un ciclo de gobernanza ligero hace eso posible.

Cada nueva iniciativa debería empezar con un **brief de una página**: un documento sencillo, propiedad de quien solicita el proyecto. Ahí se captura lo esencial: quién es la audiencia, qué problema va a resolver la página y cómo se medirá el éxito. Igual de importante, se define quién es el dueño de esa página y a qué **página canónica** apoya. Esta claridad temprana evita duplicaciones y define la intención antes de que empiece cualquier trabajo creativo.

Después viene un **pre-flight check**, a cargo del líder de SEO. Aquí se detectan los posibles conflictos antes de que cuesten dinero: temas que se pisan, enlaces internos que faltan, plantillas poco claras o estructuras lentas. No se busca perfección, sino asegurar que lo que se lance será **encontrable, rápido y consistente** con la arquitectura general.

La **reunión de luz verde** es breve por diseño. En quince minutos, los equipos confirman: responsables, fechas de entrega y desde dónde se enlazará el nuevo contenido. Este es el momento en el que la idea se convierte en acción coordinada, en lugar de esfuerzos paralelos.

Tras el lanzamiento, una revisión final cierra el ciclo. En pocas semanas, los indicadores tempranos, impresiones, clics y señales de interacción, muestran si la nueva página está ganando tracción o si necesita ajustes. Los datos de pago y orgánico se revisan juntos para detectar solapamientos y conflictos entre canales antes de que distorsionen los reportes.

Por qué la secuencia importa

El momento en que entra SEO determina si el trabajo **se acumula o se fragmenta**.

- **Antes del diseño**, la página necesita un propósito claro para que el layout sirva a esa meta.

- **Antes del desarrollo**, las plantillas deben fijar la estructura correcta para que los motores puedan interpretarlas.

- **Antes de PR o campañas pagadas**, se deben elegir las URL canónicas para que la autoridad se concentre y no se disperse.

- Y **antes de cualquier migración**, los redirects y las verificaciones de paridad preservan la autoridad ya ganada.

Cómo se ve una buena alineación

Cuando la gobernanza funciona, las nuevas iniciativas salen con **un dueño claro por cada intención de búsqueda**: no hay páginas duplicadas compitiendo por la misma palabra clave. Los enlaces internos dirigen la autoridad a los destinos correctos, no a la voz más insistente.

La dirección entiende que **bajas en el CTR orgánico durante picos de impresiones** pueden ser señal de progreso en curso, no de fracaso. Medios pagados cubre huecos de forma estratégica en lugar de interceptar el impulso orgánico. Y las revisiones post-lanzamiento se enfocan en aprender y ajustar, no en buscar culpables.

Liderar desde la infraestructura, no desde la intervención

Al final, la gobernanza de SEO no es burocracia; es **infraestructura para la descubribilidad**. Los líderes que exigen un punto de revisión de **"SEO primero, no al final"** para cualquier cosa que verán los usuarios o los motores eliminan la mayoría de las pérdidas evitables.

El objetivo no es contar cuántas páginas se publican, sino **medir alineación y visibilidad compuesta**. Porque el costo de meter a SEO tarde es invisible en el sprint… pero dolorosamente visible en el estado de resultados.

20. Prepararse para el futuro del SEO

El futuro de la búsqueda no estará definido por los rankings, sino por la **relevancia y la confianza** a través de múltiples superficies de descubrimiento. La página de resultados tradicional se está disolviendo en un ecosistema distribuido de asistentes de IA, motores de respuesta y feeds contextuales que entregan información mucho antes de que el usuario llegue a tu sitio web. Para las empresas, este cambio transforma la pregunta de "¿Cómo rankeamos?" a "¿Cómo seguimos siendo visibles y creíbles en un entorno donde la búsqueda ocurre en todas partes?"

De algoritmos a comprensión

Los motores de búsqueda ya no solo rastrean páginas: **interpretan significado**. Los sistemas modernos de IA analizan las relaciones entre entidades, intención y autoridad, no solo palabras clave. La visibilidad ahora depende de qué tan bien estructura y expresa una empresa su conocimiento. El **schema markup**, la terminología consistente y señales sólidas de autoría ayudan a los motores de búsqueda y a la IA a entender tu experiencia y conectarla con consultas en constante evolución.

Los ejecutivos no necesitan gestionar estos elementos directamente, pero sí deben financiar la **infraestructura** que los hace posibles: datos estructurados, gobernanza de contenido y analítica integrada que unifique insights entre canales. En esta nueva era, la madurez en SEO se vuelve sinónimo de **madurez en arquitectura de información**.

Cuando "cero clics" no significa cero valor

Muchos líderes se preocupan cuando las impresiones suben pero los clics bajan. Sin embargo, una proporción cada vez mayor de la exposición en búsqueda ocurre en entornos de **búsqueda sin clics**: fragmentos destacados, resúmenes generados por IA, respuestas por voz y sugerencias predictivas. Estos momentos no siempre generan sesiones, pero sí construyen

familiaridad y confianza de marca. Cuando tu marca se vuelve parte de la respuesta resumida, no estás perdiendo tráfico, estás ganando autoridad en contexto.

Los ejecutivos deberían ver estas superficies como una **extensión de la presencia de marca**, no como una amenaza. Las empresas que prosperarán serán las que diseñen su contenido para ser **reutilizable**: estructurado de modo que pueda aparecer en resultados de búsqueda, respuestas por voz y experiencias asistidas por IA.

Infraestructura que se adapta

Prepararse para este futuro no se trata de perseguir cada nueva plataforma, sino de construir una **infraestructura adaptable**. Las empresas necesitan una base que les permita responder rápido cuando evolucionen los algoritmos, los dispositivos o las interfaces. Eso incluye mantener una arquitectura limpia de sitio, contenido modular, metadatos consistentes y señales de autoría claras.

Más importante aún, requiere **alineación cultural**. Los equipos deben pensar en la visibilidad como un resultado compartido: contenido, diseño y desarrollo son responsables, cada uno desde su trinchera, de que cada página comunique su intención con claridad tanto a humanos como a máquinas. Las organizaciones que tendrán éxito no serán las que produzcan más contenido, sino las que produzcan **contenido interpretable**.

El rol del liderazgo en la próxima etapa

El futuro del SEO tendrá menos que ver con tácticas y más con **dirección y cuidado estratégico**. Los líderes tendrán que hacerse nuevas preguntas:

- ¿Estamos estructurando nuestro conocimiento para que las máquinas puedan entender nuestra experiencia?

- ¿Nuestra marca es descubrible en asistentes de IA y motores de respuesta, no solo en resultados de búsqueda?

- ¿Estamos midiendo influencia, no solo clics?

Los líderes que respondan estas preguntas antes que los demás moldearán **cómo se entiende su marca**, no solo cómo se encuentra. Porque la siguiente era del SEO no se trata de optimizar para algoritmos; se trata de preparar a tu organización para ser interpretada correctamente por sistemas inteligentes.

Cuando el SEO se trata como un **activo estratégico**, no como una táctica, se convierte en un idioma que tu negocio habla con fluidez en todas las plataformas que tocan a tu audiencia. Ese es el tipo de visibilidad que perdura, mucho después de que los algoritmos vuelvan a cambiar.

Aprendizaje — Parte V: forma de pensar ejecutiva sobre SEO

Métricas que revelan, no que confunden

La mayoría de los dashboards celebran movimiento, no progreso.

Las impresiones muestran alcance, los clics muestran relevancia y las conversiones prueban valor, pero solo cuando se leen en conjunto. La diferencia entre tráfico **de marca y sin marca** deja ver si el crecimiento viene de reconocimiento previo o de verdadera demanda. La madurez en SEO comienza cuando los líderes miden causa y contexto, no decoración.

La integración gana sobre la separación

Los equipos técnicos ganan visibilidad, los equipos de contenido ganan clics y **CRO** convierte ese tráfico en ingresos. Cuando los departamentos actúan en secuencia, el desempeño se multiplica; cuando trabajan en silos, los datos se distorsionan. La **alineación**, no el volumen, es el verdadero multiplicador.

La gobernanza es control del crecimiento

Involucrar SEO desde el inicio de cada iniciativa digital evita lanzamientos desperdiciados y páginas duplicadas. Un bucle ligero de revisión, **brief**, revisión previa y revisión posterior al lanzamiento, mantiene la visibilidad como algo intencional, no accidental.

Infraestructura por encima de la intervención

Trata el SEO como **arquitectura de sistema**, no como limpieza de campañas. Plantillas limpias, datos estructurados y reportes entre canales protegen la autoridad ganada y hacen que cada lanzamiento sea fácil de encontrar, rápido y preparado para el futuro.

La relevancia es el siguiente ranking

A medida que los motores de IA y las superficies sin clic crecen, la visibilidad se desplaza de los resultados de búsqueda a las **respuestas resumidas**. Las marcas que estructuren bien su conocimiento y su autoría seguirán siendo descubribles, incluso cuando los clics disminuyan.

Próximos pasos para líderes y dueños de negocio

1. Redefinir el éxito

Pide a tu equipo de analítica que construya un dashboard unificado que muestre **visibilidad sin marca**, conversiones asistidas y señales de interacción, no métricas de vanidad.

2. Adoptar una política de "SEO primero, no al final"

Exige que los equipos de producto, desarrollo y marketing involucren SEO desde el inicio de cada proyecto para evitar la fragmentación y proteger la autoridad de dominio.

3. Financiar la preparación estructural

Autoriza a tus equipos web y de analítica a fortalecer **arquitectura del sitio**, schema y la integración de datos antes de escalar nuevo contenido o campañas.

4. Alinear las estrategias de pago y orgánico

Indica a tus equipos de marketing y medios pagados que auditen el solapamiento de palabras clave y coordinen esfuerzos para que las campañas de pago **refuercen** el crecimiento orgánico en lugar de competir con él.

5. Liderar por ritmo, no por reacción

Programa **revisiones trimestrales de visibilidad** con líderes de marketing, producto, diseño y analítica para dar seguimiento al progreso y eliminar bloqueos.

CONCLUSIÓN

• Lo que ahora ves y la mayoría no

SEO no es una bala de plata. No es una varita mágica que agitas hoy para ver resultados mañana. Los motores de búsqueda, los modelos de IA y las plataformas de contenido no premian los arreglos rápidos, premian la consistencia, la claridad y una relevancia que se acumula con el tiempo. A estos sistemas les toma tiempo rastrear, entender, probar y confiar en tu sitio por encima de las alternativas. Por eso el impulso lo es todo, y las demoras salen caras.

Uno de los errores más grandes que cometen los ejecutivos con respecto al SEO es asumir que es una tarea de un solo departamento. No lo es. Es un compromiso organizacional. El equipo de SEO puede construir la hoja de ruta, monitorear el desempeño y señalar riesgos, pero no puede aprobar contenido, autorizar cambios ni forzar la acción entre áreas. Esa responsabilidad recae en el liderazgo.

Si tú tienes la firma final, tú tienes el resultado. Con demasiada frecuencia, las estrategias se quedan detenidas durante semanas o meses esperando aprobación. Mientras tanto, los competidores avanzan y el algoritmo se recalibra sin ti. SEO no fracasa porque sea demasiado complejo; fracasa porque la empresa nunca se compromete por completo.

Lo que los ejecutivos no entienden del SEO no es solo el título de este libro; es la barrera que ahora tú tienes el poder de eliminar. Al defender el ritmo, la continuidad y la responsabilidad compartida, creas las condiciones para un crecimiento sostenible. No necesitas dominar las tácticas, solo despejar la pista para que el sistema pueda hacer lo que fue diseñado para hacer: funcionar.

SEO es un sistema, no un canal.
Ya has visto cómo la salud técnica, la calidad del contenido, la experiencia de usuario, la autoridad y los datos interactúan entre sí. Cuando cualquiera de esos elementos es débil, todo el sistema rinde por debajo de su potencial. SEO no es una sola palanca; es una red de piezas en movimiento que se potencian mutuamente.

Intención > volumen.
El tráfico solo importa si se alinea con búsquedas de alta intención, aquellas en las que el usuario quiere aprender, comparar o comprar. Perseguir palabras clave sin entender el propósito del usuario lleva a sesiones vacías y a un retorno de inversión nulo.

CRO es la mitad del resultado.
Si tus páginas no convierten, no es solo un problema de SEO, es un problema de conversión. La **Optimización de la Tasa de Conversión (CRO)** alinea el texto, el diseño de la página y los llamados a la acción para guiar a los usuarios hacia resultados reales.

La arquitectura impulsa los ingresos.
Una estructura de URLs clara, un modelo de enlaces internos tipo "páginas pilar y contenido de apoyo" y convenciones de nombres consistentes facilitan que los motores de búsqueda rastreen, que los usuarios naveguen y que ambos puedan convertir.

La velocidad es un indicador financiero.
Cada segundo adicional de carga cuesta clics, prospectos y eficiencia publicitaria. Las **Core Web Vitals**

—como *Largest Contentful Paint* e *Interaction to Next Paint*— no son solo métricas de desarrollo; reflejan la experiencia real del usuario y tienen impacto directo en los ingresos.

La autoridad se gana, no se compra.

Los backlinks importan, pero la autoridad duradera viene de señales de confianza más profundas: cobertura en medios, reseñas, citas, biografías y consistencia de marca. Todo eso refleja **Experiencia, Especialización, Autoridad y Confianza (E-E-A-T)**, las señales de credibilidad que más valoran los motores de búsqueda.

Los motores de IA ya son parte de la "búsqueda".

Superficies de respuesta, resúmenes y resultados sin clic están cambiando la manera en que la gente descubre contenido, muchas veces antes de que aparezca la página de resultados tradicional. Estos sistemas favorecen contenido bien estructurado, informativo y fácil de extraer en forma de respuesta.

Los datos estructurados son tu traductor.

El **schema markup** le da a los sistemas de búsqueda un resumen legible por máquina de lo que trata tu página. Mejora la visibilidad tanto en resultados clásicos como en las nuevas plataformas impulsadas por IA.

La pauta pagada proyecta sombra sobre el SEO.

Un presupuesto grande en anuncios puede ocultar por un tiempo una mala experiencia de usuario y contenido débil. Pero no puede sustituir la relevancia duradera, la confianza orgánica ni una estructura fácil de descubrir. La calidad orgánica es lo que queda cuando se detiene la inversión en medios pagados.

Los dashboards deben reflejar el negocio, no métricas de vanidad.

Ahora das seguimiento a señales que sí importan: tráfico no de marca, conversiones asistidas, clústeres de contenido y resultados a nivel de página. La posición promedio y las impresiones son indicadores direccionales, pero no suficientes para tomar decisiones por sí solos.

La gobernanza pesa más que las hazañas heroicas.

Los programas de SEO más sólidos son estables, no reactivos. **Robots.txt**, sitemaps, directivas para IA/LLM y una disciplina constante en los despliegues protegen contra pérdidas evitables. El éxito en SEO se gana más en el mantenimiento diario que en los "apagafuegos" de último minuto.

"Bonito" no es lo mismo que "efectivo".

El diseño importa, pero solo cuando apoya la claridad y la acción. La estética sin función es decoración. La meta es ayudar al usuario a completar, sin fricción, el trabajo por el que llegó.

Los scorecards crean un lenguaje compartido.

Una lista de verificación sencilla de optimización on-page —**título, H1, URL (slug), enlaces internos, schema, llamada a la acción (CTA)**— ayuda a los equipos a publicar páginas "bien hechas desde el inicio", sin necesitar que un experto en SEO revise cada paso.

La contratación correcta es un multiplicador.

Ahora buscas pensamiento estratégico, influencia transversal y la capacidad de alinear SEO con CRO, contenido, desarrollo, PR y analítica. No se trata de quién conoce más herramientas, sino de quién puede hacer que el sistema funcione.

El crecimiento orgánico es capital que se compone. A diferencia de los anuncios, que dejan de funcionar cuando dejas de pagar, el contenido bien estructurado, las experiencias centradas en el usuario y la autoridad ganada siguen trabajando. Ese es el tipo de crecimiento que merece la atención del liderazgo.

• Deja de delegar a ciegas

Imagina esto:
Apruebas una estrategia de SEO con verdadero potencial.
Traes gente capaz. Apruebas la hoja de ruta.
Das por hecho que todo avanza.

Pasa un mes y nada ha cambiado.
Pasan dos meses y todo sigue detenido.
Al tercer mes, el impulso ya se perdió.

¿Por qué?

Porque el desarrollador asignado a implementar los ajustes técnicos está ocupado construyendo funcionalidades que tú mismo pediste.
Porque la persona de contenidos está saturada escribiendo para el lanzamiento de una nueva línea de negocio.
Porque el diseñador está concentrado en el nuevo módulo de layout.
Porque el equipo de video está produciendo contenido de producto sin tiempo —ni conocimiento— para incrustar datos estructurados.

Y porque el SEO nunca tuvo recursos reales. Solo se "asignó".

Nadie se detuvo a preguntar:
"¿Debería un responsable de SEO revisar esto antes de publicarlo?"
"¿Esto sigue nuestra estrategia de búsqueda?"
"¿Esto siquiera va a ser encontrado?"

Así que el sitio web sigue creciendo… sin optimizar.
Se publican páginas sin schema.
Se lanzan URLs con mala estructura.
Los encabezados están desordenados.
Sin enlaces internos, sin metadatos, sin pensamiento de CRO.

Solo movimiento, sin dirección.

Y no es un caso aislado. Es un patrón.
El mismo ciclo, una y otra vez.
Hasta que alguien finalmente pregunta: "¿Por qué no estamos posicionando?".

Esto es lo que pasa cuando el SEO se trata como una tarea secundaria.
Cuando se delega sin horas dedicadas, sin respaldo ejecutivo y sin seguimiento real.
Cuando se **delegan las tareas a ciegas**.

Aquí está la verdad:
Si el SEO "es trabajo de todos", pero no es prioridad de nadie, siempre quedará al final de la lista.

Eso no habla de la capacidad de tu equipo.
Habla de lo que tú has hecho posible.

Si alguna vez asumiste que "alguien lo estaba viendo", sin comprobar si quienes tenían la responsabilidad contaban con tiempo, claridad o autoridad para actuar, entonces ya sabes dónde está el problema.

Y ahora que lo ves, puedes corregirlo.

No necesitas escribir código ni optimizar contenido tú mismo.
Necesitas liderar.

Haz que el SEO sea visible. Asígnale presupuesto. Nombra responsables.
Protege su impulso como protegerías cualquier otra iniciativa de crecimiento, porque eso es exactamente lo que es.

• Empieza a liderar con claridad

Si sigues pensando que el SEO solo se trata de "aparecer en Google", ya vas tarde.

El juego cambió. La visibilidad ya no es suficiente. Hoy, lo que pasa **después del clic** importa tanto como conseguir ese clic. Por eso el futuro del SEO no se trata solo de motores de búsqueda, sino de **la experiencia de búsqueda**.

Cada clic es una prueba.
¿La página carga rápido?
¿El encabezado es relevante?
¿La persona encuentra lo que se le prometió?
¿El diseño guía… o confunde?
¿Las palabras convierten… o solo llenan espacio?

Eso ya no es solo SEO como lo conoces (**Search Engine Optimization**). Es **Search Experience**

Optimization (SXO), la optimización de toda la experiencia de búsqueda. Y eso no puede pertenecer a un solo departamento.

Le pertenece a todos.

- Los desarrolladores moldean la velocidad y la estructura.

- Quienes escriben definen la claridad y la relevancia.

- Los diseñadores controlan el flujo y la legibilidad.

- El equipo de video influye en el tiempo en página.

- Marketing alinea el momento y el mensaje.

- Y los directivos deciden qué se prioriza... y qué se ignora.

Cuando todo eso ocurre de forma aislada, el SEO se rompe en silencio.
No pierdes posiciones de un día para otro: **pierdes impulso, pedazo por pedazo.**

Así que no: el SEO ya no es una tarea que se "asigna".
Es un **estándar compartido.**

Y la única forma de hacer cumplir ese estándar entre equipos es con **claridad desde arriba.**

Tu trabajo no es microgestionar.
Es **conectar los puntos**, definir cómo luce "hacerlo bien", hacer que el SEO sea visible —no invisible— y convertir a cada equipo en un **colaborador**, no en un obstáculo.

Porque si no lideras con claridad, siempre habrá alguien que pregunte:
"¿Oye, no habíamos contratado a alguien para que se encargara del SEO?"

Y esa pregunta va a seguir costándote.

Palabras finales

Ahora ya ves lo que la mayoría no ve: que el SEO no es solo una partida dentro de marketing, sino un reflejo de **cómo funciona tu empresa entre equipos**. Ya viste dónde muere el impulso, dónde se rompe la comunicación y dónde la dirección, muchas veces sin querer, se convierte en el cuello de botella.

Pero ahora también tienes la capacidad de liderar de otra manera.

Porque las empresas que ganan en búsqueda orgánica no solo "hacen SEO".
Se comprometen con el SEO.
Le asignan recursos.
Lo lideran.

Así que pregúntate:
¿Qué estamos construyendo hoy que nadie va a encontrar jamás?

Y luego:
¿Qué vas a hacer al respecto?

Próximamente en la trilogía de SEO

Este libro es solo el inicio de un proyecto más amplio: una trilogía pensada para ayudar a líderes y equipos a entender, dirigir y escalar el SEO como un verdadero activo de negocio. Los siguientes volúmenes profundizan en las decisiones ejecutivas que pueden impulsar o bloquear el crecimiento orgánico, y en los marcos avanzados necesarios para competir en una era dominada por motores de búsqueda inteligentes y la IA.

En lugar de darte fechas que se volverán obsoletas, te invito a visitar **TrilogiaSEO.com**, donde encontrarás siempre la información actualizada sobre la trilogía, incluyendo:

- Las **fechas de publicación** de los próximos libros.

- Los **formatos disponibles** (impreso, digital, audiolibro, según corresponda).

- Los lugares donde podrás **comprar las diferentes versiones** del libro.

- Un formulario para **suscribirte a la lista de correo** y recibir adelantos, actualizaciones y descuentos de lanzamiento.

- Enlaces para **seguirme en redes sociales** y acceder a contenido complementario: artículos, casos de estudio y recursos para líderes.

Además, si trabajas en SEO, marketing o producto, me interesa conocer tus experiencias reales. En **TrilogiaSEO.com** encontrarás la sección **"Comparte tu historia de SEO"**, donde podrás enviar un breve resumen de un caso de éxito o fracaso que hayas vivido. Algunas de estas historias se convertirán, mediante entrevista y edición, en casos de estudio para los próximos volúmenes o materiales adicionales. La participación es completamente voluntaria y los detalles sobre cómo se usarán esos testimonios están claramente explicados en la misma página.

Si este primer libro te ayudó a ver el SEO con más claridad, en TrilogiaSEO.com encontrarás el siguiente paso: mantenerte al tanto de los próximos títulos, profundizar en los temas que más te interesan y, si lo deseas, contribuir con tu propia experiencia a esta conversación.

Sobre el autor

Cristobal Varela estudió Arquitectura en Hermosillo, Sonora, México, y nunca dejó de construir su futuro. Después de mudarse a Estados Unidos, el costo de regresar a la escuela lo empujó directamente al mundo laboral, comenzando en un puesto de ventas telefónicas, sin formación formal en tecnología, marketing o análisis de datos. Años más tarde, retomó sus estudios en Estados Unidos, cursando la carrera de Bachelor of Science in Information Technology (BSIT), mientras seguía desarrollando su trayectoria en el marketing digital.

A partir de ahí aprendió de negocios por el camino difícil: haciendo crecer sus propias empresas desde cero, liderando equipos pequeños en medio de la incertidumbre y cargando con la presión de saber que cada decisión afecta la nómina, a los clientes y a su propia familia. Esos años de lucha como pequeño empresario transformaron su manera de pensar. Lo entrenaron para ver los problemas desde múltiples ángulos, anticipar el impacto de las decisiones ejecutivas y detectar riesgos y oportunidades estratégicas que otros suelen pasar por alto.

En el camino, dominó disciplinas clave del marketing moderno: fotografía, video, diseño gráfico, desarrollo web, marketing en redes sociales, gestión de reputación, analítica y posicionamiento en buscadores (SEO). Esa combinación de habilidades creativas y técnicas le permite conectar marca, contenido y datos, convirtiendo conversaciones complejas sobre SEO en caminos claros y prácticos sobre los que los líderes pueden actuar.

Hoy, desde Arizona, trabaja con marcas nacionales en sectores como la construcción de viviendas, organizaciones médicas y farmacéuticas, medios de noticias y pequeñas empresas, ayudándoles a alinear sus objetivos de negocio con estrategias orgánicas sostenibles y medibles. Este libro es el resultado directo de ese camino: está escrito para ejecutivos que quieren tomar mejores decisiones sobre SEO y para los equipos que dependen de esas decisiones. Puedes conocer más sobre su trabajo en **CristobalVarela.com.**

www.ingramcontent.com/pod-product-compliance
Lightning Source LLC
Chambersburg PA
CBHW061246220326
41599CB00028B/5545